怒江傈僳族自治州
主要气象灾害风险区划

吴永斌　袁利平　等　编著

图书在版编目（CIP）数据

怒江傈僳族自治州主要气象灾害风险区划 / 吴永斌等编著. -- 北京：气象出版社，2021.12
 ISBN 978-7-5029-7623-1

Ⅰ. ①怒… Ⅱ. ①吴… Ⅲ. ①气象灾害－气候区划－怒江傈僳族自治州 Ⅳ. ①P429

中国版本图书馆CIP数据核字(2021)第243818号

审图号：云S(2022)15号

Nujiang Lisuzu Zizhizhou Zhuyao Qixiang Zaihai Fengxian Quhua
怒江傈僳族自治州主要气象灾害风险区划

出版发行：气象出版社

地　　址：	北京市海淀区中关村南大街46号	邮政编码：100081
电　　话：	010-68407112（总编室）　010-68408042（发行部）	
网　　址：	http://www.qxcbs.com	E-mail：qxcbs@cma.gov.cn
责任编辑：	颜娇珑　熊延南	终　审：吴晓鹏
责任校对：	张硕杰	责任技编：赵相宁
封面设计：	楠竹文化	
印　　刷：	北京建宏印刷有限公司	
开　　本：	710 mm×1000 mm　1/16	印　张：8.5
字　　数：	165千字	
版　　次：	2021年12月第1版	印　次：2021年12第1次印刷
定　　价：	45.00元	

本书如存在文字不清、漏印以及缺页、倒页、脱页等，请与本社发行部联系调换。

编委会

主　　编：吴永斌

副 主 编：袁利平　殷　娴　胡　颖

编 写 组：何天华　许宏波　庄　嘉　胡易生　张常松
　　　　　王　惠　李希燕　汪　靖　程丽清　和云杰

前　言

"看天一条缝，看地一道沟；出门靠溜索，种地像攀岩"是怒江傈僳族自治州的真实写照。作为"三区三州"深度贫困区之一，怒江州贫困发生率最高时达56.24%，是"贫中之贫""坚中之坚"。巨大的海拔高差和复杂的地形环境导致境内气候差异显著，既有低纬高原季风气候的特点，又有非常明显的立体气候特征，一年中有两个雨季，除了主汛期外还有"桃花汛"，成为云南乃至全国少有的气候奇观。复杂的天气气候造成了气象灾害的严重性和频繁性，怒江州几乎每年都有严重的暴雨洪涝地质灾害发生，对地方经济社会发展和人民生命财产安全构成严重威胁。

近年来，怒江州气象现代化建设取得明显成效，但在气象灾害风险管理方面短板突出，缺乏精细的气象灾害风险区划。气象灾害风险区划是气象灾害防御工作的重要组成部分，也是气象防灾减灾救灾的重要基础。为增强气象防灾减灾能力和应对气候变化能力，统筹防御各类气象灾害，助推脱贫攻坚和社会经济稳步发展，依托山洪地质灾害防治气象保障工程项目、基层气象防灾减灾标准化建设和第一次全国自然灾害综合风险普查，在大量调查收集和分析处理资料的基础上，我们编著完成了《怒江傈僳族自治州主要气象灾害风险区划》。

本书通过近30年的气候观测资料、多年气象灾情资料以及GIS（地理信息系统)地理信息数据,研究怒江州常见的暴雨、干旱、高温、低温、大风、雷电主要气象灾害的特征,综合分析各种气象灾害的致灾因子、孕灾环境、承灾体和抗灾能力,结合历史灾情,运用区划技术编制出气象灾害风险区划图,提出了怒江州主要气象灾害的地域风险和防御重点。

本书共分4章,第1章介绍怒江州自然社会概况和气象灾害防御现状,第2章介绍怒江州各市县的气象灾害特征,第3章介绍怒江州气象灾害风险区划编制的模型和方法,第4章编制出怒江州各市县的暴雨、干旱、高温、低温、大风、雷电灾害风险区划。

由于作者水平有限,书中如存在不妥之处,诚恳欢迎批评指正。

目 录

前言

第1章 自然社会概况和气象灾害防御现状 ··· 1
  1.1 地理特征 ··· 1
  1.2 气候特征 ··· 2
  1.3 经济社会概况 ··· 3
  1.4 气象灾害防御现状 ··· 4

第2章 气象灾害特征 ·· 6
  2.1 暴雨灾害 ··· 6
  2.2 干旱灾害 ·· 18
  2.3 高温灾害 ·· 21
  2.4 低温灾害 ·· 25
  2.5 大风灾害 ·· 31
  2.6 雷电灾害 ·· 36
  2.7 综合风险和防御特征 ··· 39

第3章 气象灾害风险区划方法 ··· 42
  3.1 气象灾害风险区划模型 ··· 42
  3.2 指标权重计算方法 ··· 43
  3.3 指标等级划分方法 ··· 45

3.4 空间分析方法 46

第4章 主要气象灾害风险区划 47
4.1 暴雨灾害风险区划 47
4.2 干旱灾害风险区划 58
4.3 高温灾害风险区划 70
4.4 低温灾害风险区划 83
4.5 大风灾害风险区划 96
4.6 雷电灾害风险区划 109

主要参考资料 124

第 1 章
自然社会概况和气象灾害防御现状

1.1 地理特征

怒江傈僳族自治州（以下简称怒江州）位于云南西北部，地处东经 98°09′~99°39′，北纬25°33′~28°23′，东连迪庆藏族自治州、大理白族自治州、丽江市，西邻缅甸国，南接保山市，北靠西藏自治区察隅县，境内国境线长 449 km。怒江州南北最大纵距 320 km，东西最大横距 153 km，总面积 14 703 km^2。怒江州辖泸水市、福贡县、贡山独龙族怒族自治县、兰坪白族普米族自治县，29 个乡（镇）、271 个村委会和社区（表1.1），全州常住总人口 53.4 万人，州政府驻泸水市六库镇，距昆明 550 km。怒江州是中国唯一的傈僳族自治州，也是中国民族族别成分最多和中国人口较少的自治州，少数民族有傈僳族、独龙族、普米族、怒族、白族，其中独龙族和怒族是怒江州所特有的少数民族。

表1.1 怒江州行政区划概况表

地区	国土面积（km^2）	人口（人）	乡镇（个）	村委会、社区（个）	政府驻地
泸水市	2938	184 835	9	77	六库镇
福贡县	2804	98 616	7	58	上帕镇
贡山独龙族怒族自治县	4506	37 894	5	28	茨开镇
兰坪白族普米族自治县	4455	212 992	8	108	金顶镇

怒江州处于青藏高原南延的云南滇西横断山脉纵谷地带，境内地势北高南

低，担当力卡山、高黎贡山、碧罗雪山、云岭山脉四座大山南北逶迤，东西对峙；独龙江、怒江、澜沧江三江由北向南并流于四座大山之间，形成了"四山夹三江"的独特地貌。怒江大峡谷是世界上最长的高山峡谷之一，素称"东方大峡谷"，怒江大峡谷长 316 km，高低差约 5000 m，平均深度 2000 m，汛期呈 U 形，旱期呈 V 形。全州 98% 以上的面积是高山峡谷，山多、山大、山陡，境内除兰坪县的通甸、金顶有少量较为平坦的山间槽地和江河冲积滩地外，多为高山陡坡，可耕地面积少，垦殖系数不足 4%。耕地沿山坡垂直分布，76.6% 的耕地坡度均在 25°以上，可耕地中高山地占 28.9%，山区半山区地占 63.5%，河谷地占 7.6%。

由于怒江主断裂和澜沧江主断裂贯穿全境，两侧还有纵横小断裂，因而地形十分复杂。怒江州海拔 4000 m 以上的山峰多达 40 余座。最高峰为高黎贡山楚鹿腊卡峰，当地人民叫嘎娃嘎普峰，海拔 5128 m，山顶终年积雪，有长约 3 km 的现代悬冰川，冰舌前缘下伸低至海拔 4000 m。州境内最低点为怒江河谷，海拔 738 m 的泸水市境内的蛮云村冷水沟。怒江州森林覆盖率 70%，属中国喜马拉雅植物区，境内容纳了寒温性、暖热性等植物类型，成为地域性植物类型组合最为丰富的地区之一，是天然的植物基因库。怒江州国家级自然保护区面积达 32.3 万 hm^2，占云南省国家级自然保护区总面积的 43.9%，占怒江州国土面积的 22%，被列入保护的动植物物种共 1500 多种。怒江州境内河流密集，拥有独龙江、怒江、澜沧江三大干流及 183 条一级支流。水资源总量为 955.91 亿 m^3，占云南省水资源总量的 43%，人均水资源量居全省首位。

怒江州地处"三江并流"世界自然遗产核心区、高黎贡山国家级自然保护区和云岭省级自然保护区，自然人文景观和旅游资源富集，是大范围、多功能的风景名胜区，适宜科学考察、探险、旅游。著名的怒江大峡谷、独龙江、丙中洛、听命湖、石月亮、富和山、老君山、知子罗等美丽风景，飞瀑悬天、峡谷幽深、林海苍茫、江河奔泻、云雾翻腾，令人神往。

1.2 气候特征

怒江州属亚热带山地湿润季风气候，由于境内江河交错，河谷纵深，山高坡陡，巨大的海拔高差和复杂的地形环境导致境内气候差异显著、立体气候突出，具有云南省年温差小、日温差大，干湿季分明、四季之分不明显的低纬高原季风气候的共同特点，同时因受地形地貌和纬度差异的影响，又具有北部冷、中部温暖、南部热，高山寒冷、半山温暖、江边炎热的独特立体气候特征。怒江州年平均气温 15.8 ℃，最热月平均气温 22.2 ℃，最冷月平均气温 9.1 ℃，极端日最高气温 40.3 ℃，极端日最低气温 -9.7 ℃。年平均降水量 1301.9 mm，最多月平均降水量 214.1 mm，最少月平均降水量 18.6 mm；福贡、贡山 2—4 月平均降水量 591.4 mm，占全年降水量的 36%，5—10 月平均降水量 899.7 mm，占全年降水量的 55%；泸水、兰坪 5—10 月平均降水量 827.15 mm，占全年降水量的 84%。年平均风速 1.1 m/s，风向多为南风，年平均日照时数 1 576.8 h，年平均蒸发量 1420.2 mm。怒江州北部的福贡、贡山一年有两个雨季，一个是 2—4 月的"桃花汛"或"春汛"；一个是 5—10 月的主汛期，这成为云南乃至全国少有的气候奇观。全州由于暴雨或持续降水引发的山洪地质灾害多发频发。在全球气候变暖的趋势下，单点性、突发性暴雨呈上升趋势，几乎每年都有严重的暴雨洪涝灾害发生，气象灾害对地方经济社会发展和人民生命财产安全构成严重威胁，素有"无灾不成年"之说。

1.3 经济社会概况

2019 年，怒江州生产总值完成 192.51 亿元，第一产业完成 26.86 亿元、第二产业完成 67.15 亿元、第三产业完成 98.50 亿元，三个产业结构比为 14：34.9：51.1（图 1.1），常住人口人均 GDP（国内生产总值）34 686 元。分产业看，第一产业同比增长 480%，占总量的 1.67%；第二产业同比下降 37.5%，占总量的 11.85%；第三产业同比增长 31.0%，占总量的 86.48%。

2019 年，怒江州农林牧渔业总产值完成 40.74 亿元，农作物总播种面积达到 81 300 hm²，粮食播种面积 62 075 hm²，总产量 15.89 万 t，油料面积 1853 hm²、产量 1302 t，甘蔗种植面积 265 hm²、产量 1.78 万 t。猪牛羊存栏 75.69 万头，猪牛羊肉总产量 4.18 万 t。

2019 年，怒江州工业总产值 92.34 亿元，完成规模以上工业增加值 35 亿元。规模以上工业企业 21 个，企业主营业务收入累计完成 83.2 亿元，主营业务成本累计达到 55.9 亿元，企业实现利润总额累计完成 12.5 亿元，完成全社会建筑业增加值 30.43 亿元。

2019 年，怒江州全年固定资产投资施工项目 297 个，规模以上固定资产投资总额比上年增长 17.2%；全年社会消费品零售总额 42.09 亿元，完成外贸进出口总额 48 673 万元；全年接待国内外游客 477.00 万人次，旅游业总收入 68.75 亿元；全年一般公共预算收入完成 13.08 亿元，财政一般预算支出完成 175.66 亿元，年末金融机构人民币各项存款余额达到 265.21 亿元。

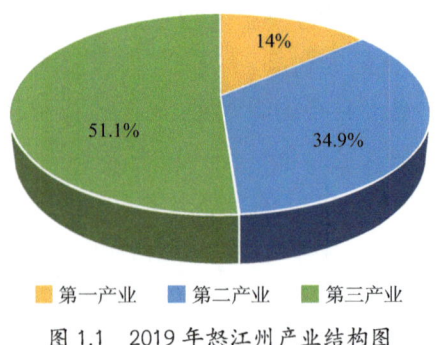

图 1.1 2019 年怒江州产业结构图

怒江州虽然自然资源丰富，但山高谷深，经济基础弱，贫困发生率曾高达 42%，是"三区三州"深度贫困地区之一，是全省、全国脱贫攻坚的重要战场。2020 年底，怒江州如期打赢了脱贫攻坚战，历史性地解决了绝对贫困问题，但整体欠发达、低收入群体比重大，发展空间狭小，群众自我发展能力弱等州情并未根本性改变，脱贫持续性、稳定性面临很大考验。目前怒江州正致力于巩固、拓展脱贫攻坚成果和乡村振兴，做到脱贫摘帽与乡村振兴各项工作衔接有序、过渡平稳，全州四县（市）被已列为国家乡村振兴重点帮扶县。

1.4 气象灾害防御现状

近年来，怒江州气象现代化建设取得明显成效，气象监测预警能力不断加强、气象预报预测水平稳步提高、农村气象灾害防御体系建设初具规模、气象防灾减灾成效显著。

气象监测预警能力不断加强。怒江州气象综合观测系统建设日臻完善，共建成了自动气象观测站 108 个（其中国家级自动气象观测站 4 个，区域自动气象观测站 98 个，独龙江无人自动气象观测站 1 个，特色农业自动气象观测站 5 个），区域自动气象站乡镇覆盖率达 100%。建成县至州 50 M、州至省 100 M 双链路气象专用宽带网和州县高清视频会议会商系统建设。

气象预报预测水平稳步提高。气象预报水平不断提高，建立完善了实时监测、短时临近预报预警、中短期预报、月季年预测的气象预报预测业务体系。气象灾害预警业务得到进一步规范和完善，气象部门与国土部门联合建立了地质灾害气象风险预警服务业务，开展中小河流洪水风险预警业务，进一步巩固发展了中短期预报预测水平。全面加强重要天气过程预测业务，在降水和温度等要素异常发生时段、持续性干旱、降水事件转型期预测，以及双雨季开始期、雨季结束期、秋季连阴雨、抽扬期低温等农事关键期预测业务上取得新进展；天气消息、天气周报、短期气候预测、气候影响评价、重大活动气象保障等多种气象服务产品质量得到提升，服务效果得到强化。

农村气象灾害防御体系建设初具规模。建成突发灾害性天气预警信息发布系统，初步形成"政府主导、部门联动、社会参与"的气象灾害防御机制。全州共建气象电子显示屏356块、乡镇气象信息服务站28个、发展气象信息员284人，行政村覆盖率达100%。气象短信决策服务对象近千人，与新闻媒体单位签署了气象预警信息发布合作协议，乡镇气象预警信息实现全覆盖。

气象防灾减灾成效显著。初步建立了以手机短信气象预警信息发布、乡村气象信息服务站、电子显示屏和气象信息员队伍为主体的气象防灾减灾体系，开通了"怒江天气""泸水气象""福贡气象""贡山气象""兰坪气象"等微信公众号，气象灾害预警信息传播"最后一公里"瓶颈问题得到有效改善，气象灾害防御综合能力得到全面提高。圆满完成贡山"5·25"、贡山"8·18"、福贡"6·30"、福贡"7·09"、兰坪"4·22"特大泥石流、滑坡等灾害应急救援的气象保障服务，防灾减灾成效显著。

怒江州气象灾害防御工作取得明显进步，气象灾害防御能力有了较大提高，但是面对气象灾害频发易发的趋势，气象灾害监测预警、防御和应急救援能力与经济社会发展和人民生命财产安全需求不相适应的矛盾依然突出，气象灾害防御的形势更为严峻。尤其在气象灾害风险管理方面短板突出，缺乏精细的气象灾害风险区划，亟须加强基层气象防灾减灾标准化建设，提升基层气象灾害防御能力和服务效益。编制气象灾害风险区划，摸清怒江州气象灾害的分布特征和发生规律，对趋利避害保护和开发利用气候资源，统筹防御各类气象灾害具有重要意义，将为怒江州打赢打好脱贫攻坚战、实施乡村振兴战略、全面建成小康社会发挥气象防灾减灾第一道防线的作用。

第 2 章
气象灾害特征

2.1 暴雨灾害

24 h 降水量为 50 mm 以上的强降雨称为"暴雨"。按其降水强度大小又分为 3 个等级,即 24 h 降水量为 50～99.9 mm 称"暴雨";100～249.9 mm 为"大暴雨";250 mm 以上称"特大暴雨"。过程降水中至少有一天的日降水量 ≥ 50 mm 定义为一次暴雨过程。暴雨洪涝灾害主要是由降水异常偏多、强度过大而引起的,灾害强度与过程雨量密切相关。

2.1.1 降水量

(1) 泸水市降水量

1990—2019 年泸水市年降水量总体呈缓慢减少趋势,减少速率为 0.69 mm/a。近 30 年中从降水量的年际变化特征分析来看,在 1990—2003 年泸水市年降水量基本持平,总体缓慢减少。2004—2019 年降水量波动较大,呈减少后又上升反复波动变化。其中 2008—2010 年年际变化最大。年降水量最大值出现在 2004 年,达到 1283 mm。最小值出现在 2009 年,只有 622 mm(图 2.1)。降水量多年平均值为 958.7 mm,其中 2009 年为最大负距平 -336.3 mm,2004 年为最大正距平 324.6 mm(图 2.2)。

(2) 福贡县降水量

1990—2019 年福贡县年降水量总体呈减少趋势,减少速率为 10.94 mm/a。近 30 年中从降水量的年际变化特征分析来看,在 1990—2005 年福贡县年降水量变化不大,总体缓慢减少。2006—2009 年期间降水量急速减少,2010—2019 年期间降水量波动较大,呈上升后又减少反复波动变化。其中 2010 年降水突然增

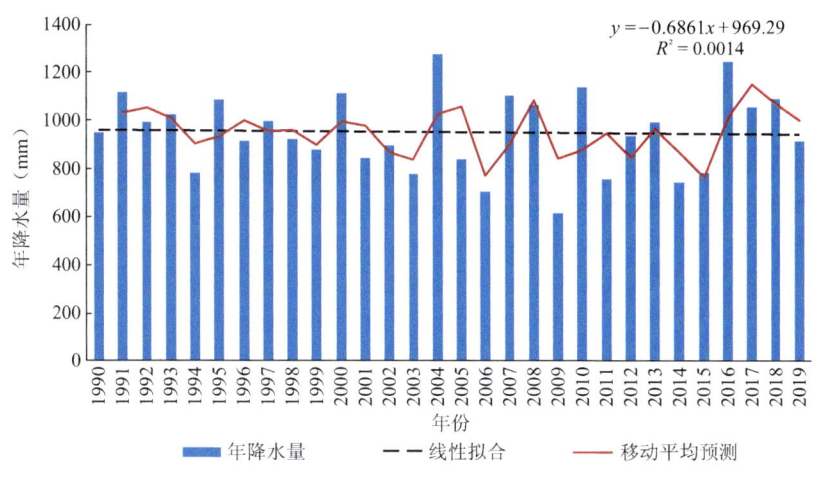

图 2.1　1990—2019 年泸水市降水量年际变化

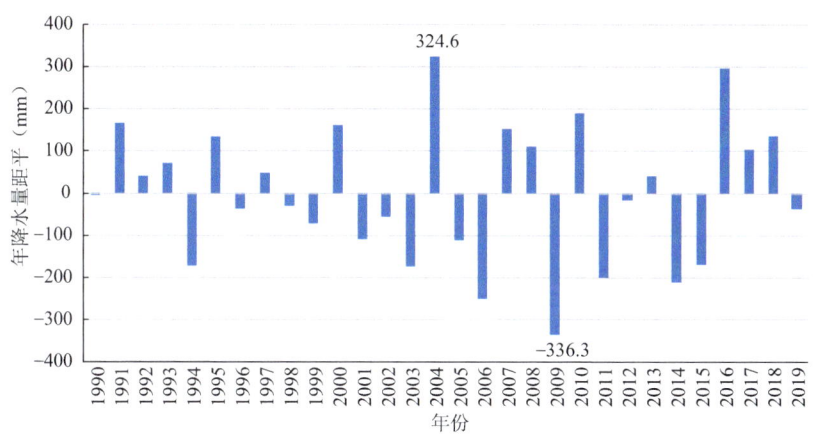

图 2.2　1990—2019 年泸水市降水量距平变化

多，之后减少后又上升。2016 年降水达到最大值 2017.9 mm。2016—2019 年降水呈减少趋势。30 年间年降水量最小值出现在 2009 年，只有 858.1 mm（图 2.3）。降水量多年平均值为 1437.7 mm，2009 年为最大负距平 −579.6 mm，2016 年为最大正距平，为 580.2 mm（图 2.4）。

（3）贡山县降水量

1990—2019 年贡山县年降水量总体呈减少趋势，减少速率为 9.53 mm/a。近 30 年中从降水量的年际变化特征分析来看，在 1990—2000 年贡山县年降水量呈缓慢减少趋势，2001—2010 年降水量总体呈上升趋势，之后 2011—2016 年呈上升又减少趋势，2016 年后开始减少。年降水量最大值出现在 2010 年，达到 2340.0 mm。最小值出现在 2009 年，只有 1319.4 mm（图 2.5）。降水量多年

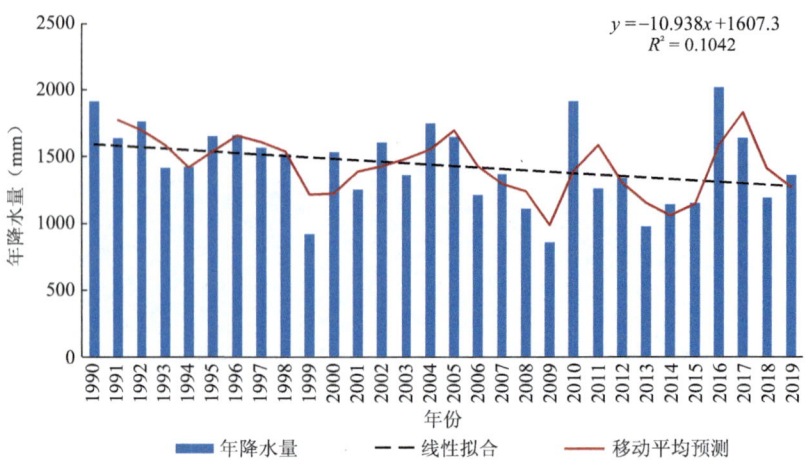

图 2.3　1990—2019 年福贡县降水量年际变化

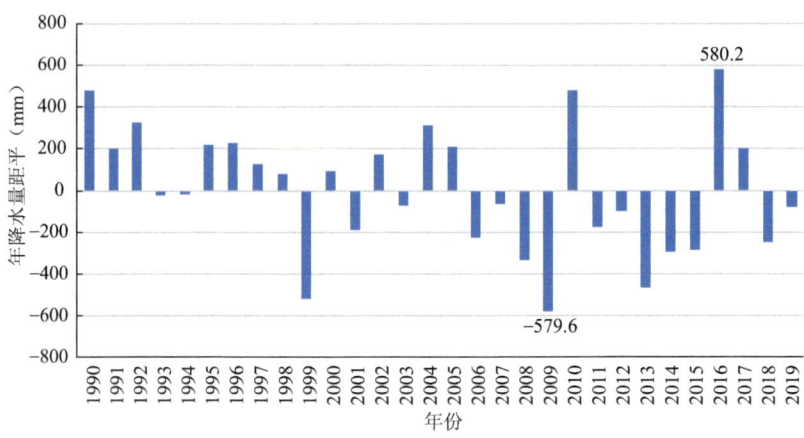

图 2.4　1990—2019 年福贡县降水量距平变化

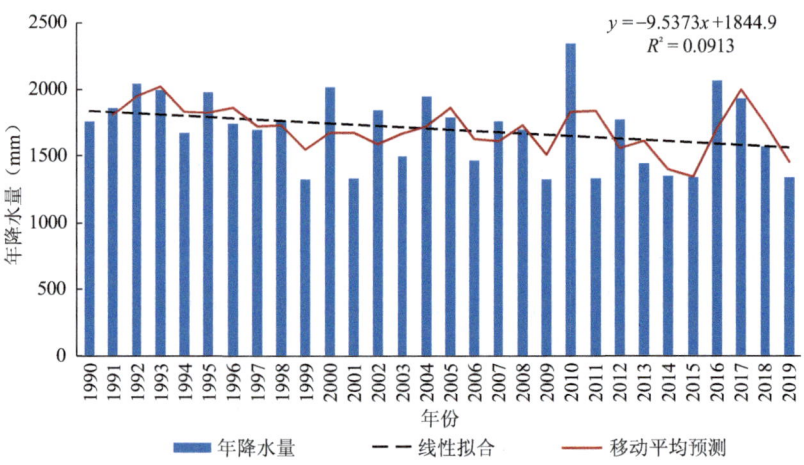

图 2.5　1990—2019 年贡山县降水量年际变化

平均值为 1697.1 mm, 2009 年为最大负距平 −377.7 mm, 2010 年为最大正距平 642.9 mm（图 2.6）。

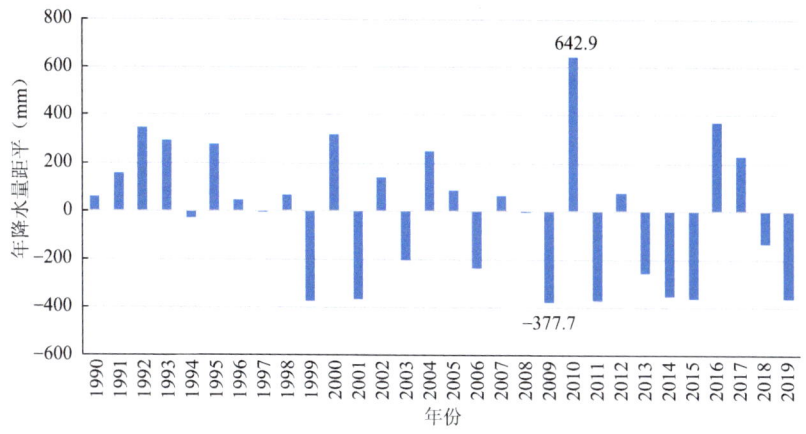

图 2.6 1990—2019 年贡山县降水量距平变化

（4）兰坪县降水量

1990—2019 年兰坪县年降水量总体呈减少趋势，减少速率为 4.9 mm/a。近 30 年中从降水量的年际变化特征分析来看，在 1991—1997 年兰坪县年降水量呈缓慢减少趋势，1998—2004 年降水量总体呈上升趋势，2005—2006 年降水量急速减少，2007—2019 年降水量变化相对平稳。年降水量最大值出现在 1991 年，达到 1226.8 mm。最小值出现在 2014 年，只有 691.3 mm（图 2.7）。降水量多年平均值为 969.7，其中 2014 年为最大负距平 −278.4 mm, 1991 年为最大正距平 257.1 mm（图 2.8）。

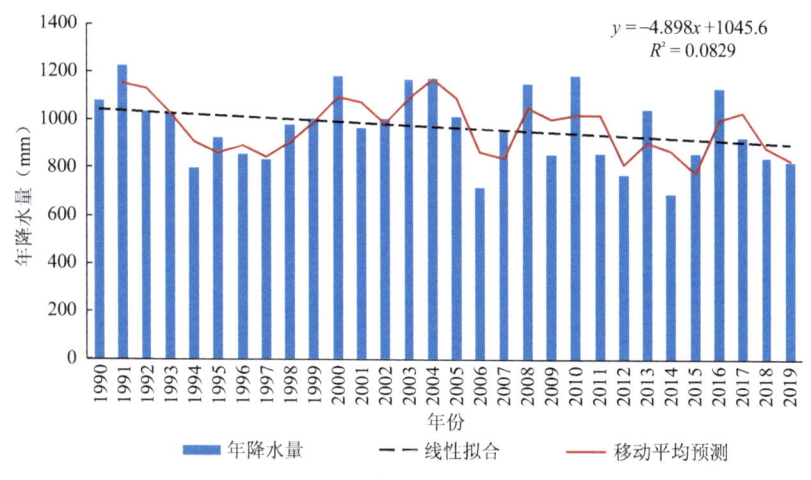

图 2.7 1990—2019 年兰坪县降水量年际变化图

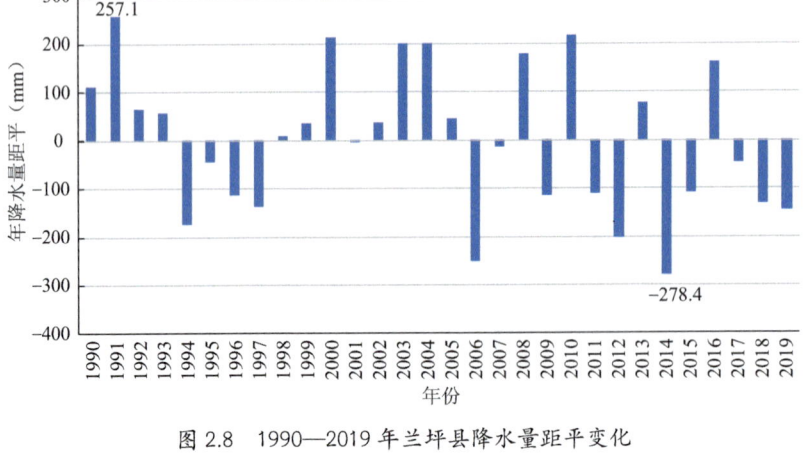

图 2.8　1990—2019 年兰坪县降水量距平变化

2.1.2　降水日数

（1）泸水市降水日数

1990—2019 年泸水市降水日数总体呈减少趋势，减少速率为 0.7 d/a。1990—2008 年降水日数年际变化平缓，2009—2019 年降水日数呈上升又减少反复变化。2009 年降水日数急剧减少，2010 年又突然增多。降水日数最多的 1990 年有 173 d，最少为 2009 年，只有 109 d（图 2.9）。泸水市日降水量 ≥ 0.1 mm 的年平均降水日数为 147.3 d，其中 2000 年为最大正距平 26 d，2009 年为最大负距平 -38 d（图 2.10）。

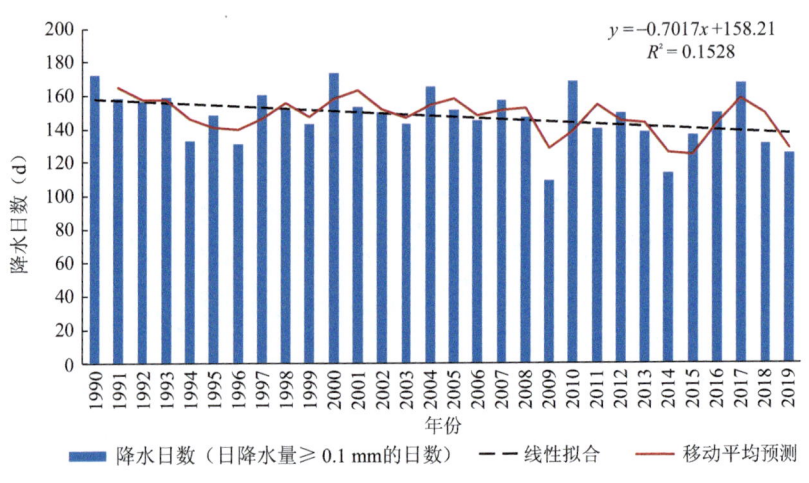

图 2.9　1990—2019 年泸水市降水日数年际变化

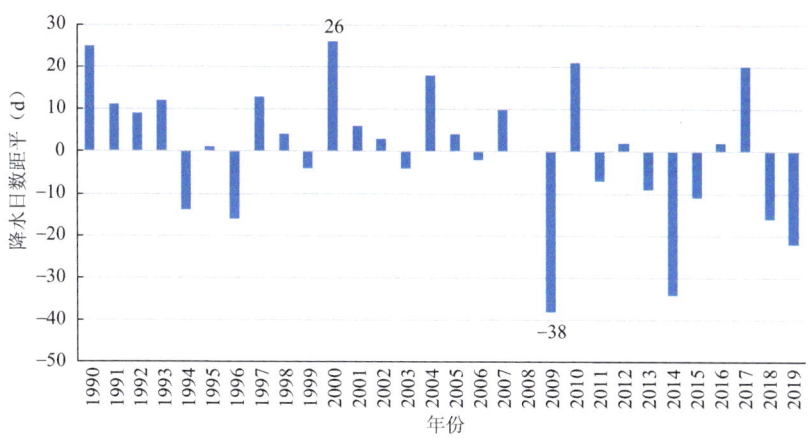

图 2.10　1990—2019 年泸水市降水日数距平变化

（2）福贡县降水日数

1990—2019 年福贡县降水日数总体呈减少趋势，减少速率为 1.1 d/a。总体来说有两个降水日数减少较明显的区间。2004—2009 年降水日数减少明显，从 215 d 减少到 159 d。2010—2014 年降水日数减少也较明显，从 198 d 减少到 158 d。降水日数最多的 1995 年有 216 d，最少为 2014 年，只有 158 d（图 2.11）。福贡县日降水量 ≥ 0.1 mm 的年平均降水日数为 190.0 d，其中 1995 年为最大正距平 26 d，2014 年为最大负距平 −32 d（图 2.12）。

（3）贡山县降水日数

1990—2019 年贡山县降水日数总体呈减少趋势，减少速率为 0.5 d/a。降水日数最多的 1991 年有 236 d，最少为 2013 年，只有 183 d（图 2.13）。贡山县日

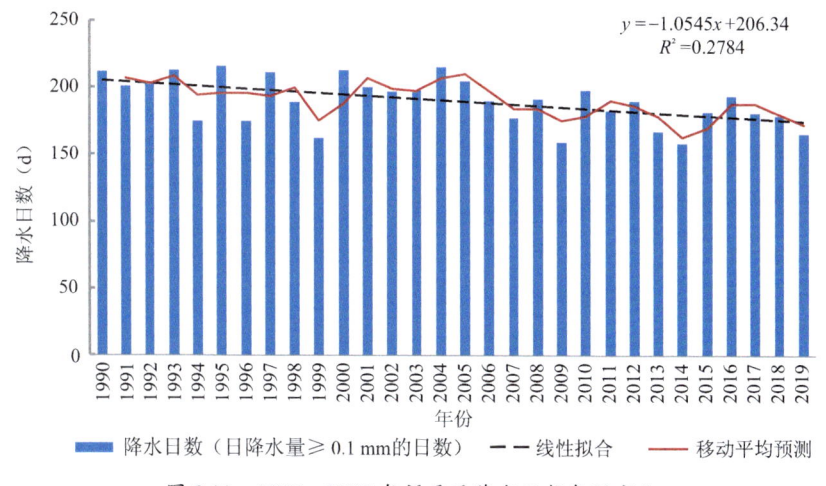

图 2.11　1990—2019 年福贡县降水日数年际变化

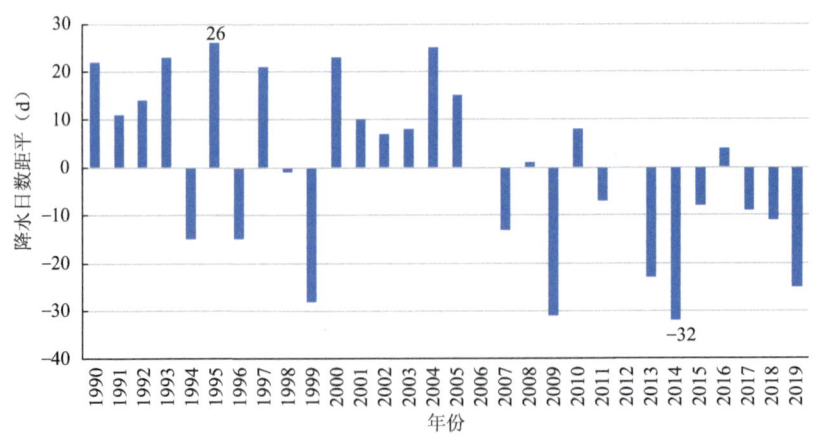

图 2.12　1990—2019 年福贡县降水日数距平变化

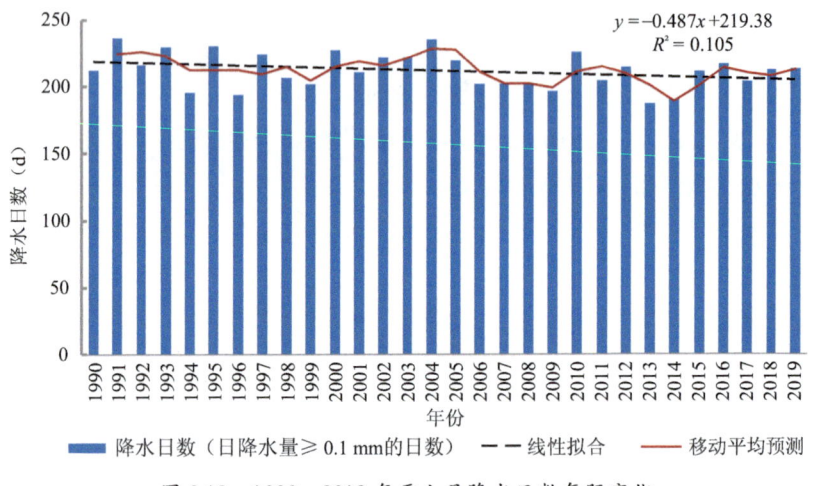

图 2.13　1990—2019 年贡山县降水日数年际变化

降水量≥0.1 mm 的年平均降水日数为 211.8 d，其中 1991 年为最大正距平 24 d，2013 年为最大负距平 -25 d（图 2.14）。

（4）兰坪县降水日数

1990—2019 年兰坪县降水日数总体呈减少趋势，减少速率为 0.5 d/a。1990—2016 年降水日数年际变化平缓，2017—2019 年降水日数急剧减少。降水日数最多的 2000 年有 171 d，最少为 2019 年，只有 119 d（图 2.15）。兰坪县日降水量≥0.1 mm 的年平均降水日数为 151 d，其中 2019 年为最大负距平 -32 d，2000 年为最大正距平 20 d（图 2.16）。

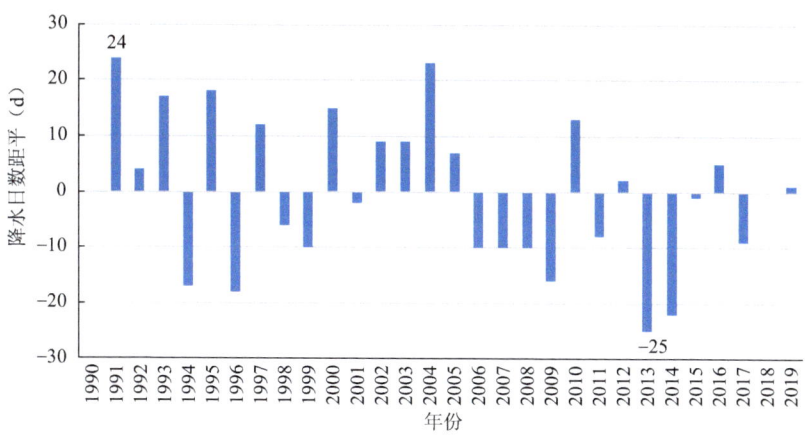

图 2.14　1990—2019 年贡山县降水日数距平变化

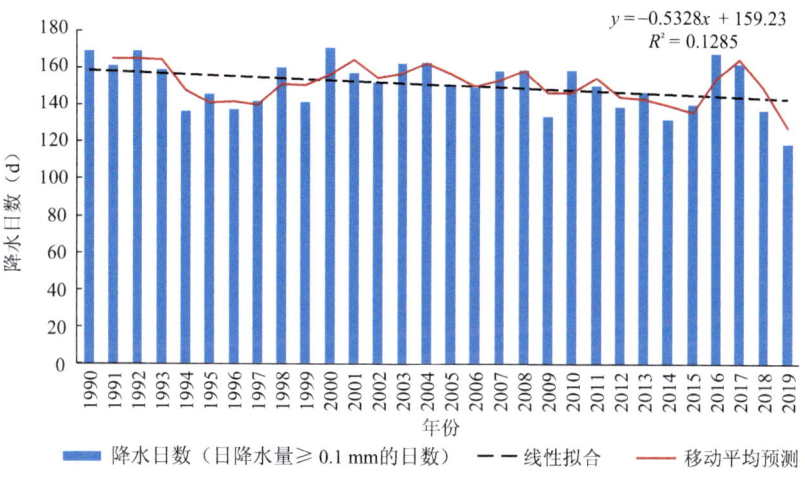

图 2.15　1990—2019 年兰坪县降水日数年际变化

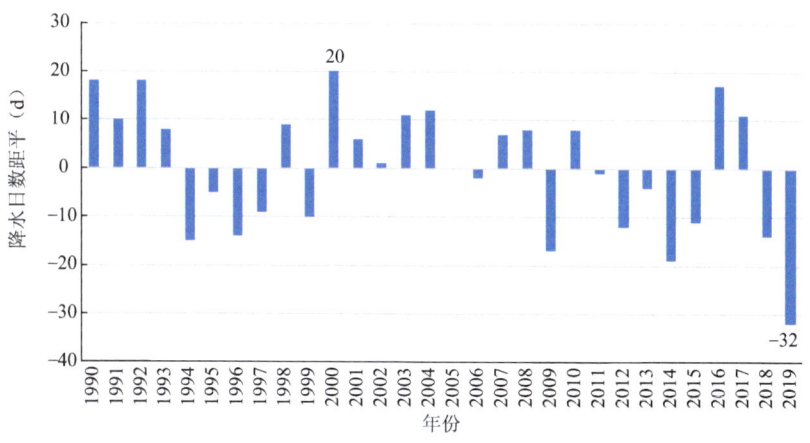

图 2.16　1990—2019 年兰坪县降水日数距平变化

2.1.3 暴雨日数

（1）泸水市暴雨日数

1990—2019年泸水市暴雨日数合计为46 d，其中1992年、1997年、2004年暴雨日最多，为4 d，2001年、2006年、2011年、2017年全年无暴雨日（图2.17）。

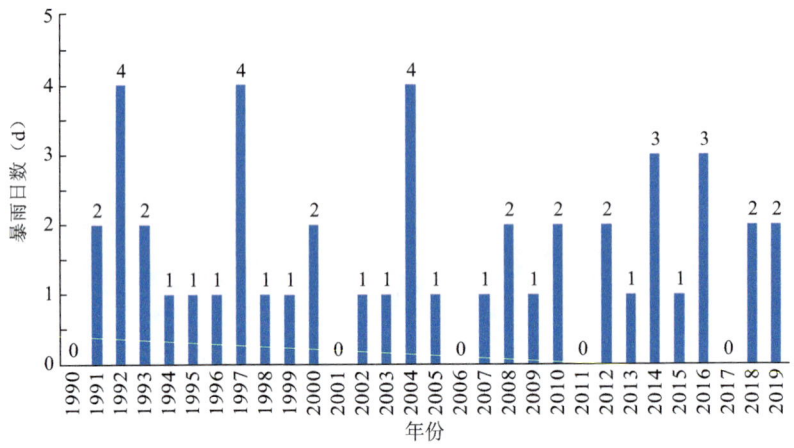

图2.17　1990—2019年泸水市暴雨日数年际变化

（2）福贡县暴雨日数

1990—2019年福贡县暴雨日数合计为80 d，其中2016年暴雨日最多，为7 d，1999年、2018年、2019年全年无暴雨日（图2.18）。

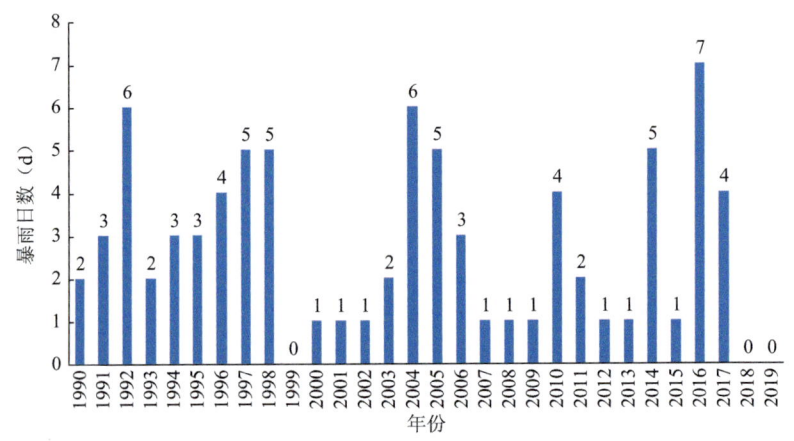

图2.18　1990—2019年福贡县暴雨日数年际变化

(3)贡山县暴雨日数

1990—2019年贡山县暴雨日数合计有74 d，其中1992年暴雨日最多，为6 d，2003年全年无暴雨日（图2.19）。

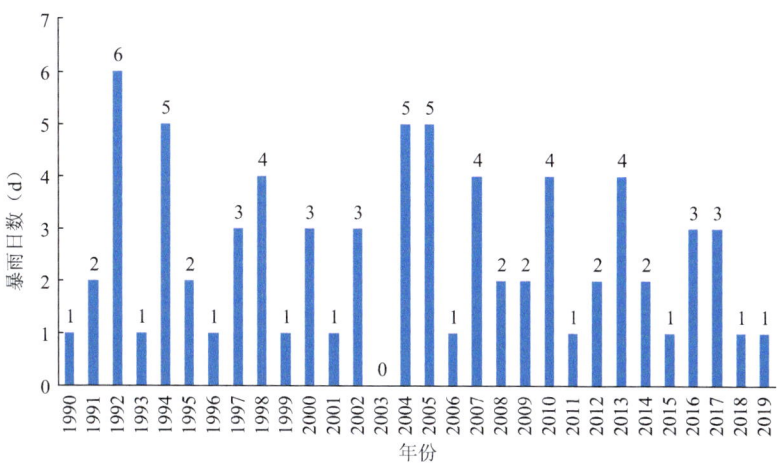

图2.19　1990—2019年贡山县暴雨日数年际变化

(4)兰坪县暴雨日数

1990—2019年兰坪县暴雨日数合计为19 d，其中2010年暴雨日最多，为3 d，1990年、1991年、1994—1997年、1999年、2000年、2002—2005年、2007年、2017—2019年全年无暴雨日（图2.20）。

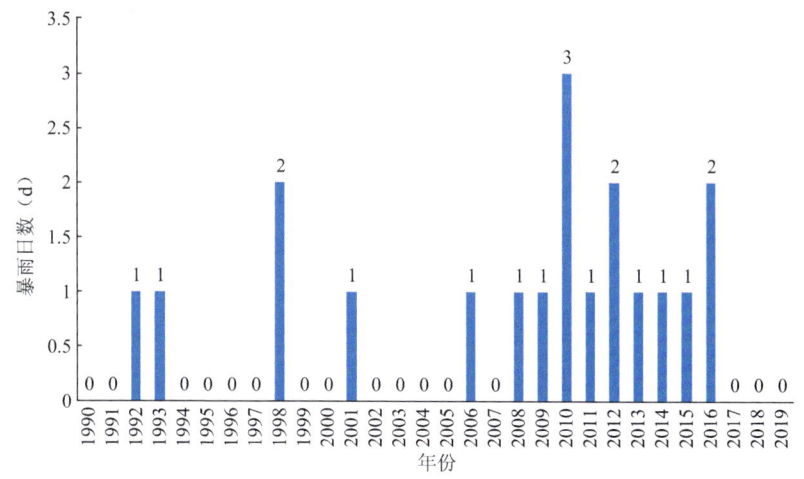

图2.20　1990—2019年兰坪县暴雨日数年际变化

2.1.4 日最大降水量

1990—2019 年，泸水市历年日最大降水量为 118.8 mm，出现在 1992 年 7 月 9 日；福贡县历年日最大降水量为 104.4 mm，出现在 1995 年 5 月 16 日；贡山县历年日最大降水量为 100.2 mm，出现在 1994 年 3 月 22 日；兰坪县历年日最大降水量为 80.8 mm，出现在 1998 年 6 月 30 日。

2.1.5 暴雨灾害特征

怒江州暴雨地域分布大体与年降水量分布一致，独龙江最多，其次马吉，最少石登、营盘、兔峨。暴雨主要出现在春汛期 2—4 月及主汛期 5—10 月。全州暴雨出现概率最大在 8 月，其次是 7 月、10 月。北部地区福贡、贡山暴雨概率最大在春汛期 3 月、4 月，其次在 10 月、5 月。泸水暴雨概率最大在 7 月，其次在 10 月，兰坪暴雨概率最大在 8 月，其次在 7 月（表 2.1）。

表2.1　1990—2019年怒江州各县（市）各月暴雨概率（%）

地区	1月	2月	3月	4月	5月	6月	7月	8月	9月	10月	11月	12月
泸水	0	0	0	0	13	16	24	15	9	22	1	0
福贡	1	12	27	19	13	5	1	4	3	13	1	1
贡山	3	7	20	22	14	6	1	4	6	13	3	1
兰坪	0	0	0	0	5	17	27	34	15	2	0	0
全州	1	5	12	10	11	7	13	14	8	13	1	1

暴雨高风险区主要分布于贡山、福贡、泸水北部、兰坪西北部，其中独龙江、马吉风险最高。高风险乡镇有独龙江、马吉、茨开、鹿马登、片马、普拉底，中风险乡镇有丙中洛、石月亮、捧当、上帕、架科底、子里甲、鲁掌、老窝、六库、匹河、金顶、古登、上江、洛本卓、大兴地、通甸、称杆、中排、河西，低风险乡镇有啦井、石登、营盘、兔峨。

1990—2019 年怒江州一共发生暴雨灾害 134 次，其中兰坪县最多，有 48 次，贡山县最少，有 16 次。泸水市有暴雨灾害 40 次，福贡县有 40 次（图 2.21）。

1990—2019 年怒江州的暴雨洪涝灾害大多集中 3—10 月，其中 7 月最多，达到 32 次，其次为 8 月，有 22 次。11 月、12 月无暴雨洪涝灾害发生（图 2.22）。

1990—2019 年怒江州的暴雨洪涝灾害最多年份为 2016 年，有 25 次，其次是 2004 年，有 15 次。最少年份为 2008 年、2013 年，全年无暴雨灾害发生（图 2.23）。

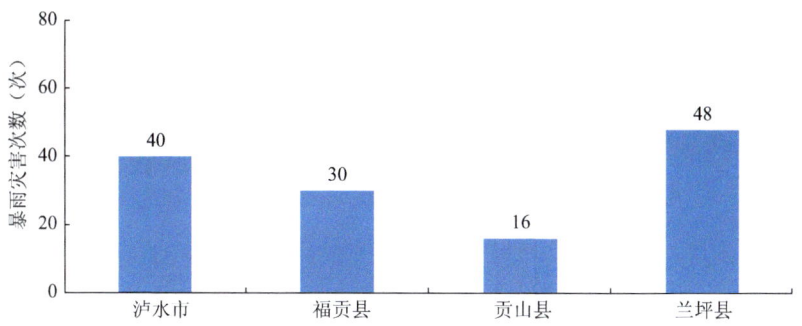

图 2.21　1990—2019 年怒江州各县（市）暴雨灾害次数

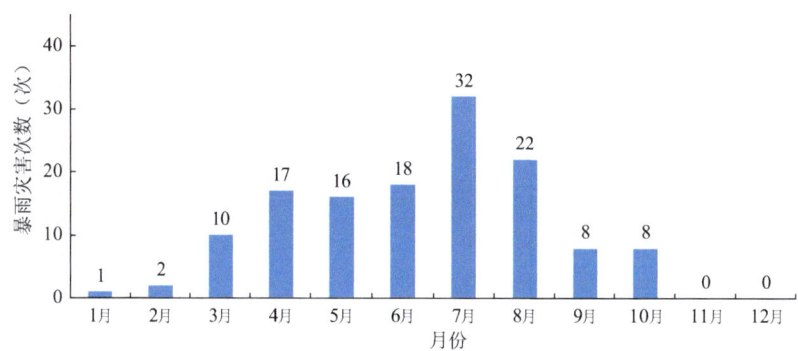

图 2.22　1990—2019 年怒江州暴雨灾害次数月分布

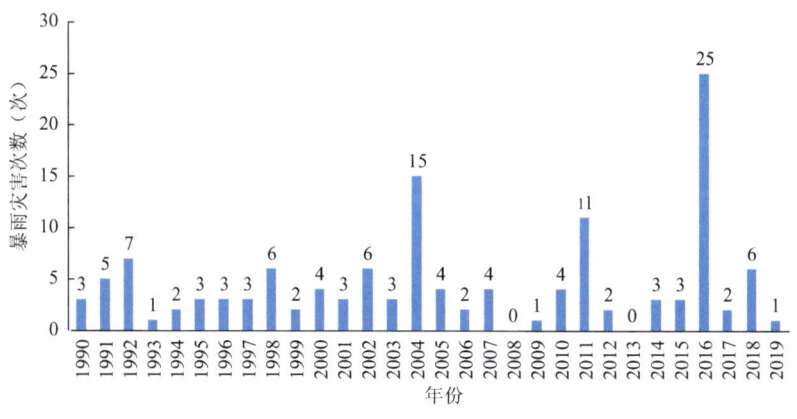

图 2.23　1990—2019 年怒江州暴雨灾害次数年分布

怒江州典型的暴雨历史灾情：

1996 年 3 月中下旬福贡持续强降水致 2 人死亡、1 人重伤，冲毁民房 184 间，学校 3 所，村公所 5 个，卫生所 1 个，引水沟 86 条，人马驿道 69 条，便桥 4 座，小春作物 1130 亩①，经济作物 2116 亩，输电线路 1200 m，直接损失 380 万元。

2004 年 4 月中旬，福贡县连降大到暴雨，过程降水总量 217.3 mm，最大小时降水量达 70.5 mm，由此引发的泥石流造成 2 人死亡、4 人失踪，冲毁沟渠 243 条、农田灌溉沟渠 22 241 m、人畜饮水工程 113 处，县城居民饮水沟渠多处塌方、断裂，沟帮冲毁 75 m，供水中断 11 d。

2005 年 2 月 13—21 日，怒江州北部持续雨雪天气，贡山县过程降水量 276.9 mm，14 日积雪深度达到 13.1 cm，受灾 34 240 人，因灾死亡 5 人、受伤 19 人，小春作物受灾 32 901 亩，其中粮食作物成灾 13 882 亩，绝收 8824 亩，直接经济损失 5595.53 万元。3 月 2—6 日，福贡县降水量达 263.6 mm，最大小时降水量 95.1 mm，雪灾、泥石流灾害造成 7 人死亡、8 人失踪和 101 人受伤，民房倒塌 15 231 间，搬迁 2756 户 9991 人，大量生产、生活用具和 493 t 粮食被冲走，小春作物和经济林木损失 3422 万元。

2007 年 5 月 11—17 日，泸水市出现连续强降水天气，6 个乡镇造成不同程度的洪涝灾害损失，农作物受灾 1525 亩，粮食减少 126.98 t；水利水毁 22 件，9853 m，人畜饮水工程 11 件 968 m，供水工程受灾直径 350 mm 钢管 6 m 受损；房屋损毁 27 间 462 m²；乡村公路 3 条 6185 m，桥梁 6 座，人马驿道 20 条 7311 m，共计经济损失 122.56 万元。

2016 年 4 月 22 日，受连续降水影响，兰坪县兔峨乡果力村三星河发生泥石流，在河谷沟口拾柴火 3 人、采砂工人 1 人和看守工地 2 人失联，直接经济损失约 100 余万元。

2.2　干旱灾害

干旱通常指长期无雨或少雨，水分不足以满足人的生存和经济发展的气候现象。干旱会造成土壤水分不足，农作物水分平衡遭到破坏而减产或歉收，也会导致水资源短缺，影响工业生产、城市供水和生态环境，大气环流形势的变化是造成干旱的主要原因。干旱从古至今都是人类面临的主要自然灾害，即使在科学技术发达的今天，它造成的灾难性后果仍然比比皆是。尤其值得注意的是，随着人类的经济发展和人口膨胀，水资源短缺现象日趋严重，这也直接导致了干旱地区的扩大与干旱化程度的加重，干旱化趋势已成为怒江经济社会发展中值得关注的问题。

干旱从季节上可分为春旱、初夏旱、夏伏旱、秋旱、冬旱。春旱一般发生于 3—5 月，春季是农作物播种时间，春旱持续少雨给农作物生长带来危害。初夏

① 面积单位，1 亩 ≈ 666.67 m²，下同。

旱发生于 6 月中上旬，此时正值夏田作物抽穗、扬花期，需水量相当大，干旱对农作物产量有很大影响。夏伏旱是指盛夏三伏期间的干旱，主要发生于 7—8 月，这时作物生长旺盛、需水多、抗旱能力弱，干旱发生时太阳辐射强、温度高、空气干燥、蒸发力强，夏伏旱对农作物的危害特别大。秋旱主要发生于 9—11 月份，9 月以后，青藏高原南侧逐渐转为偏西气流控制，怒江州区域性持续降水天气过程减少，东部、南部地区降水显著偏少，易发生秋旱。秋旱灾害，轻者作物减产，重则河湖干涸，井泉枯竭，田土龟裂，禾稼枯死，人畜饮水困难。冬旱是指发生在 12 月至次年 2 月的干旱，怒江州为季风气候，泸水市、兰坪县降水集中在夏季，冬季多偏北大风，降水一般很少。冬旱会减少土壤底墒，影响越冬作物的返青生长和春播作物的出苗，若冬春连旱，其危害就更加严重。

2.2.1 干旱年际变化

1990—2019 年，怒江州干旱灾害频发，共发生干旱灾害 34 次。有 13 个年份出现干旱灾害，其中 2009—2015 年干旱灾害最为严重，2015 年干旱灾害次数达 8 次。其次为 2010 年，干旱次数 7 次。2010 年和 2015 年均发生了夏秋冬三季连旱（图 2.24）。

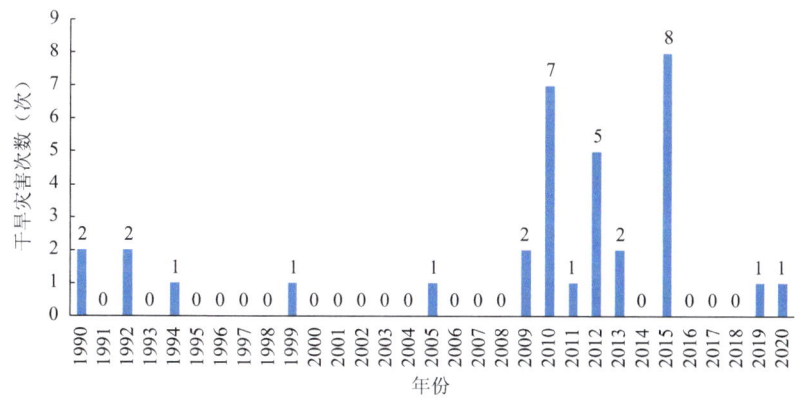

图 2.24　1990—2019 年怒江州干旱灾害次数年分布

2.2.2 干旱灾害特征

怒江州干旱具有出现频率高、持续时间长、波及范围广的特征，对社会生产、生活危害大，气象干旱影响造成的农作物歉收、病虫害、森林火灾等灾害尤为突出。干旱主要是冬春、初夏干旱，主要出现在兰坪、泸水干热河谷地区。福贡、贡山干旱主要为冬旱，出现在 11 月至次年 1 月，一般 2 月中旬左右春汛开始后,旱情解除。泸水、兰坪旱情则一般从11月持续到次年5月中、下旬,甚至6月、7月,直至雨季开始。

最易干旱区主要分布在兰坪、泸水干热河谷地区,其中高风险乡镇有兔峨、营盘、石登、啦井、河西、中排、上江、六库、大兴地、称杆等乡镇,易干旱区中风险乡镇有洛本卓、古登、金顶、通甸、匹河、老窝、鲁掌等乡镇,少干旱区低风险乡镇有子里甲、架科底、上帕、捧当、石月亮、丙中洛、普拉底、片马、鹿马登、茨开、马吉、独龙江等乡镇。

1990—2019年,泸水市出现干旱灾害最多,达到13次,其次为福贡县,有12次,泸水市为5次,贡山县最少,只有4次(图2.25)。

1990—2019年,怒江州7月出现干旱灾害最多,达到11次,其次为11月,干旱次数为5次。2月和10月无干旱灾害发生(图2.26)。

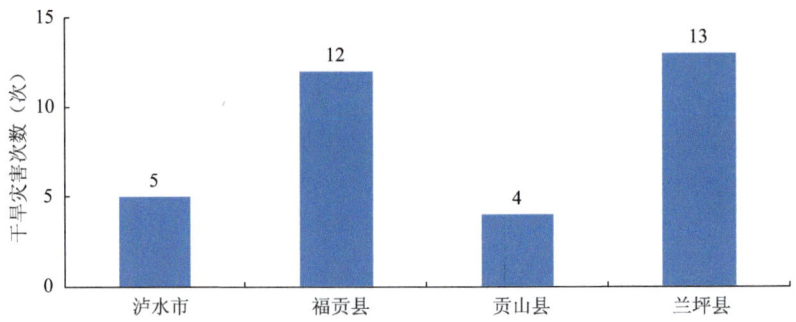

图2.25　1990—2019年怒江州各县(市)干旱灾害次数

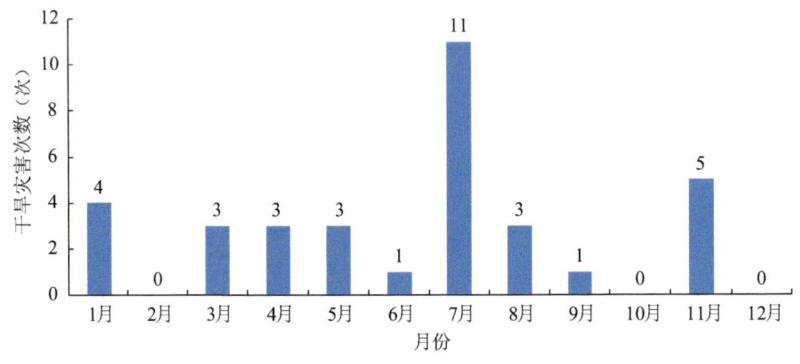

图2.26　1990—2019年怒江州干旱灾害次数月变化

1990—2019年,怒江州夏伏旱出现次数最多,有14次,其次是春旱,有9次。初夏旱最少,只有1次。春旱及夏伏旱占所有灾害次数的67.6%,其中又以7月最为严重。从各县(市)上报资料来看,福贡县和兰坪县的干旱情况较为严重,均达到10次以上,贡山县和泸水市相对较少,干旱灾害次数为5次以下(图2.27)。

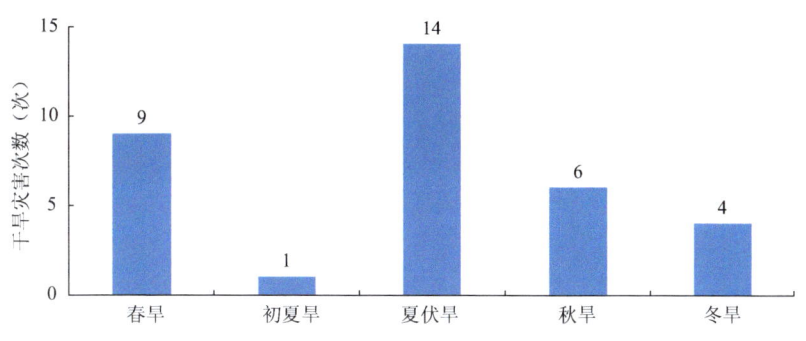

图 2.27　1990—2019 年怒江州干旱灾害次数季节分布

怒江州典型的干旱历史灾情：

1986 年，福贡县连续高温、少雨、干旱、大风，使大春作物脱水干死，水稻受灾 817 亩、玉米 2866 亩、杂粮 1196 亩。

1992 年，怒江州全州连续干旱致使农作物受灾严重，包谷 11 万亩，水稻 3 万多亩。病虫害暴发，普遍出现虫害和鼠害，水稻发生百叶枯病，包谷受地老虎危害。部分乡村人畜饮水困难。

2012 年，福贡县连续干旱，石月亮乡农作物、经济作物受干旱严重，造成了极大的损失，人畜饮水局部出现困难。小春作物受灾面积 18 716 亩、草果 3200 亩、水田缺水 15 亩、牧区受灾 90 亩。

2.3　高温灾害

高温灾害指的是气温达到或超过某一温度时，动植物不能适应这种环境而产生的不良影响和损害，高温灾害的危害程度通常与气温高低和持续时间长短有密切联系。高温过程是指日最高气温≥ 35 ℃的连续过程。

2.3.1　最高气温≥ 35 ℃日数

1990—2019 年，怒江州高温日数最多区域为泸水市，达到 274 d，其次为福贡县，高温日数为 161 d。高温日数最少区域为兰坪县，全年无高温天气（图 2.28）。

（1）泸水市最高气温≥ 35 ℃日数

1990—2019 年，泸水市高温日数总体呈增长趋势。2014 年高温日数最多，达到 32 d，其次为 2015 年、2019 年，高温日数达到 28 d。1991 年、1993 年、2002 年全年无高温天气发生（图 2.29）。

1990—2019 年，泸水市高温日数集中分布在 4—7 月。其中 5 月最多，达到

112 d，其次为 6 月，共有 89 d。10—12 月、1—2 月无高温天气（图 2.30）。

（2）福贡县最高气温≥35 ℃日数

1990—2013 年，福贡县高温日数总体呈增长趋势，2014 年以后呈下降趋势。

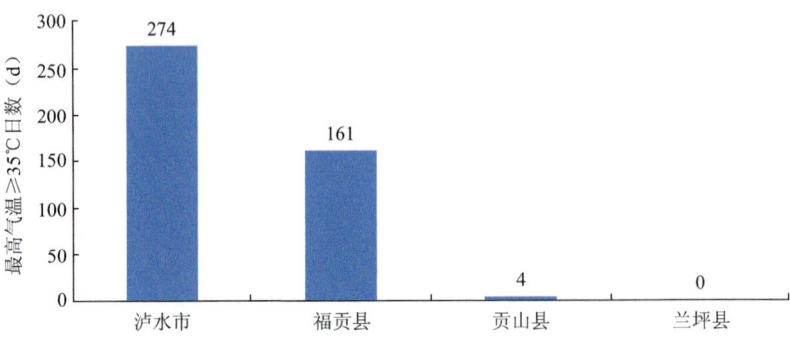

图 2.28　1990—2019 年怒江州各县（市）高温日数

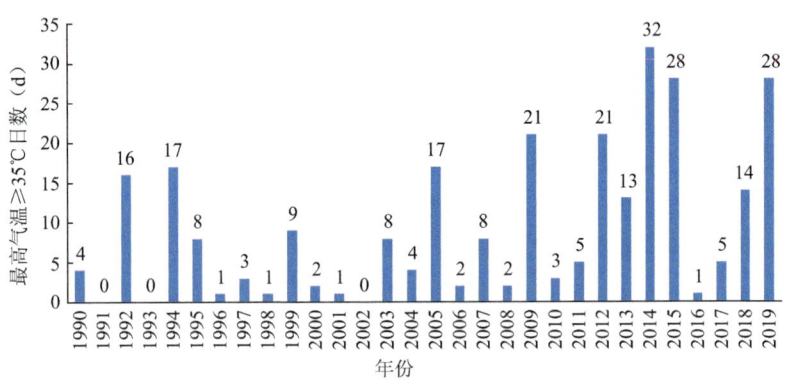

图 2.29　1990—2019 年泸水市高温日数年际变化

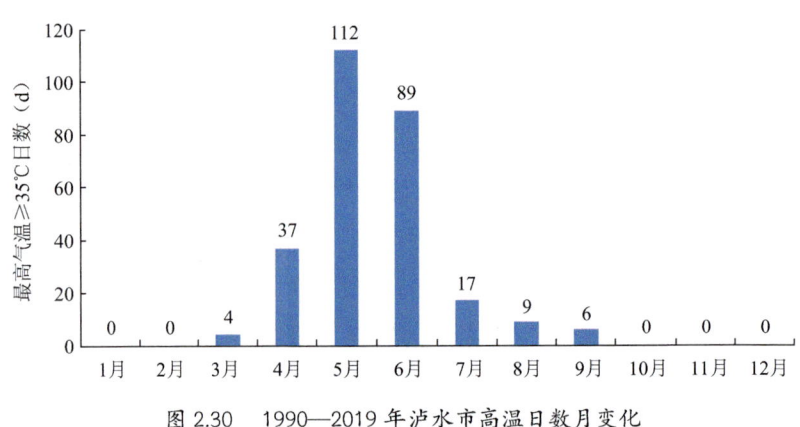

图 2.30　1990—2019 年泸水市高温日数月变化

2013年高温日数最多,达到17 d,其次为2009年,高温日数达到15 d。2004年、2017年全年无高温天气发生(图2.31)。

1990—2019年,福贡县高温日数集中分布在5—9月。其中8月最多,达到51 d,其次为6月,共有34 d。10—12月、1—3月无高温天气(图2.32)。

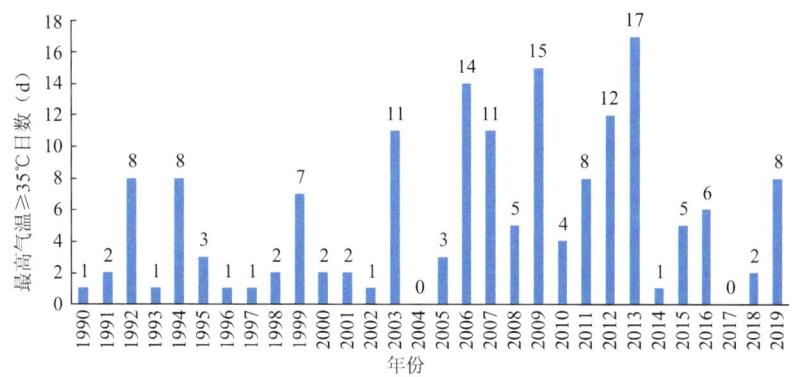

图2.31　1990—2019年福贡县高温日数年际变化

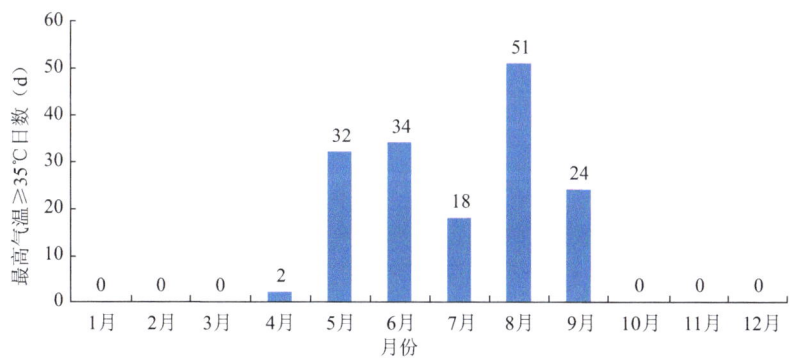

图2.32　1990—2019年福贡县高温日数月变化

2.3.2　极端最高气温

(1)泸水市极端最高气温

1990—2019年,泸水市年极端最高气温总体呈上升趋势。增长速率为0.067℃/a。30年间,极端最高气温出现在2012年,最高温度达到39.9℃(图2.33)。

(2)福贡县极端最高气温

1990—2019年,福贡县年极端最高气温总体呈上升趋势。增长速率为0.03℃/a。30年间,极端最高气温出现在2013年,最高温度达到40.3℃(图2.34)。

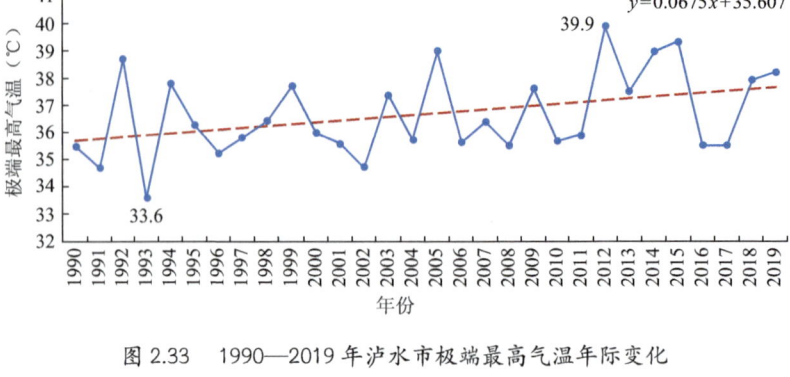

图 2.33　1990—2019 年泸水市极端最高气温年际变化

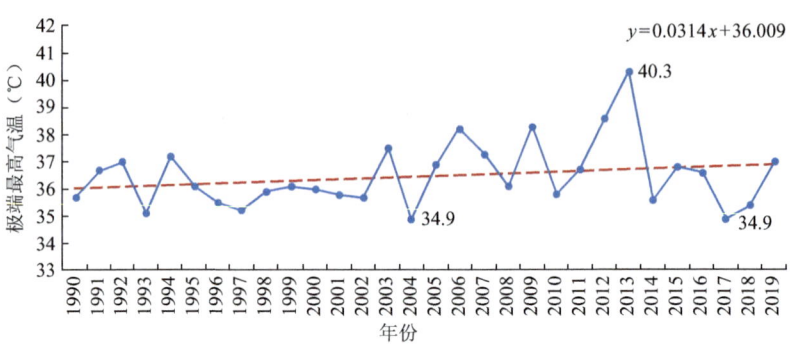

图 2.34　1990—2019 年福贡县极端最高气温年际变化

（3）贡山县极端最高气温

1990—2019 年，贡山县年极端最高气温总体呈上升趋势。增长速率为 0.06 ℃/a。30 年间，极端最高气温出现在 2013 年，最高温度达到 36.9 ℃（图 2.35）。

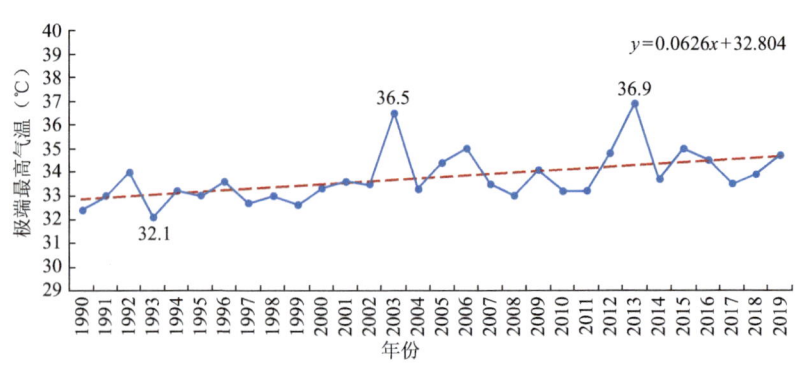

图 2.35　1990—2019 年贡山县极端最高气温年际变化

（4）兰坪县极端最高气温

1990—2019年，兰坪县年极端最高气温总体呈上升趋势。增长速率为0.06℃/a。30年间，极端最高气温出现在2012年、2015年，最高温度达到31.4℃（图2.36）。

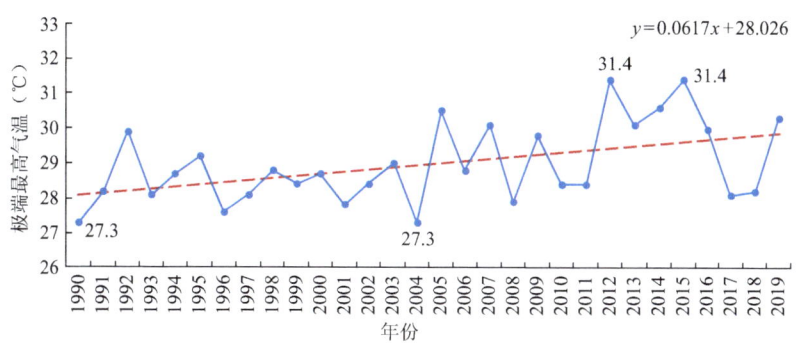

图2.36　1990—2019年兰坪县极端最高气温年际变化

2.3.3　高温灾害特征

高温天气会给人体健康、交通、用水、用电等方面带来不利影响；同时高温也可以影响植物生长发育，使农作物减产，加剧干旱的发生发展，还使用水量、用电量急剧上升，给社会生产、人民生活造成很大影响。怒江州高温天气主要出现在4月、5月、6月雨季开始前，主要分布在怒江、澜沧江河谷地区。

怒江州最高气温超过35℃高温主要出现在泸水、福贡、兰坪河谷地区，高风险乡镇为上江、六库、大兴地、称杆、古登，中风险乡镇为洛本卓、匹河、子里甲、架科底、上帕、鹿马登、兔峨、营盘，低风险乡镇为老窝、马吉、丙中洛、河西、石月亮、石登、鲁掌、捧当、普拉底、茨开、金顶、独龙江、中排、片马、啦井、通甸。

2.4　低温灾害

低温灾害易发于冬季，它是因北方强冷空气暴发南下出现强烈降温并伴有大风，常出现雨雪、冰冻等天气。一般情况下，极端最低气温及平均气温越低，持续时间越长，气温降幅越大，低温危害程度越严重。怒江州低温灾害类型主要是倒春寒和秋寒。

2.4.1 最低气温≤0℃日数

1990—2019年,怒江州最低气温≤0℃日数最多区域为兰坪县,30年间达到3056 d,每年平均102 d。其次为贡山县,最低气温≤0℃日数为263 d。泸水、福贡全年基本无最低气温≤0℃日数(图2.37)。

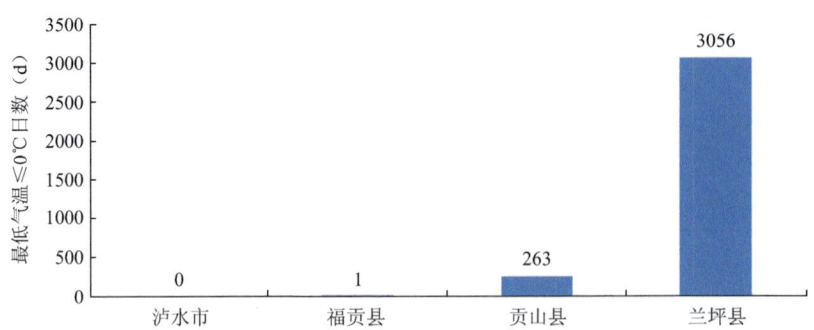

图2.37 1990—2019年怒江州各县(市)最低气温≤0℃日数

(1)贡山县最低气温≤0℃日数

1990—2019年,贡山县最低气温≤0℃日数最高年份为1992年,达到20 d,其次为2000年,最低气温≤0℃日数达到19 d。最低气温≤0℃日数最低年份为1996年、2006年,只有2 d(图2.38)。

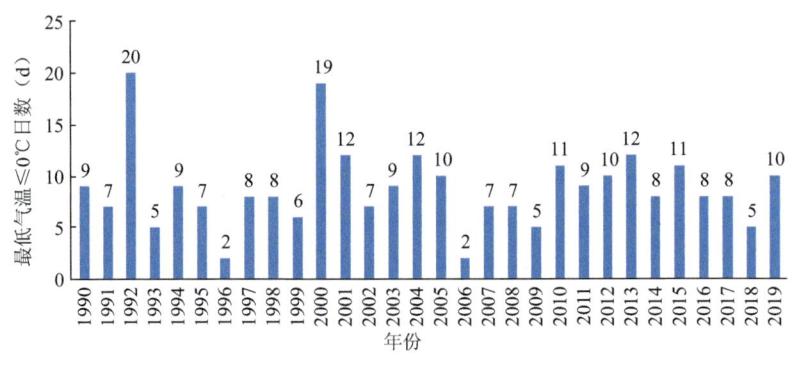

图2.38 1990—2019年贡山县最低气温≤0℃日数年际变化

1990—2019年,贡山县最低气温≤0℃日数集中分布在1月、12月。其中1月最多,达到139 d,12月次之114 d。其他时间段基本无最低气温≤0℃天气(图2.39)。

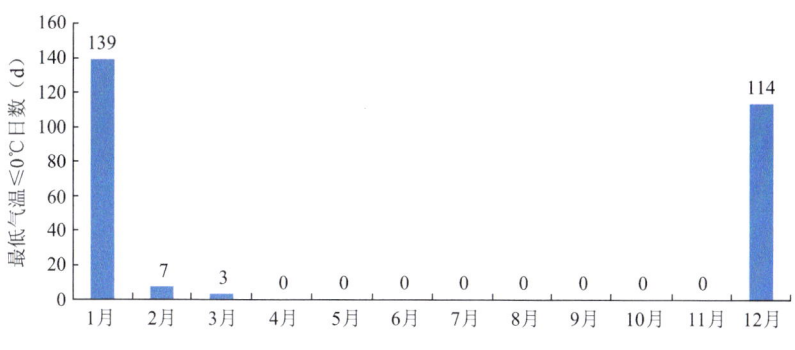

图 2.39　1990—2019 年贡山县最低气温≤0℃日数月变化

（2）兰坪县最低气温≤0℃日数

1990—2019 年，兰坪县最低气温≤0℃日数年际变化平缓，除 2005—2008 年约 90 d，其他年份大部分最低气温≤0℃日数＞100 d。其中 2013 年最多，达到 125 d，其次为 2012 年，最低气温≤0℃日数达到 120 d。最低气温≤0℃日数最低年份为 2010 年，只有 82 d（图 2.40）。

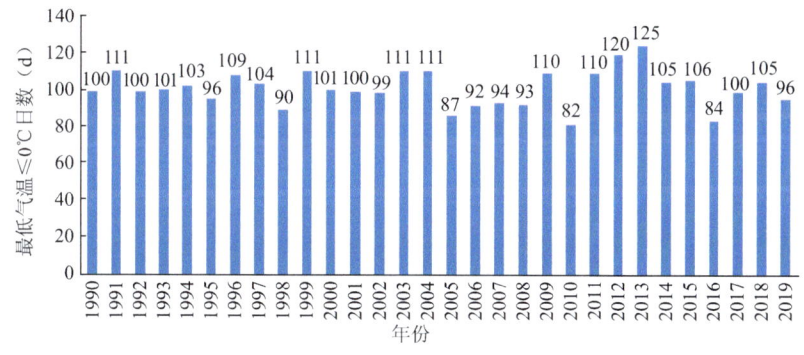

图 2.40　1990—2019 年兰坪县最低气温≤0℃日数年际变化

1990—2019 年，兰坪县最低气温≤0℃日数集中分布在 1—3 月、11 月、12 月，其中 12 月最多。30 年间达到 820 d，年平均 27 d，其次为 1 月，30 年间达到 799 d，年平均 26 d。其他时间段基本无最低气温≤0℃天气（图 2.41）。

2.4.2　极端最低气温

（1）泸水市极端最低气温

1990—2019 年，泸水市年极端最低气温总体呈上升趋势。上升速率为 0.016 ℃/a。30 年间，极端最低气温出现在 2013 年，最低温度达到 3.3 ℃（图 2.42）

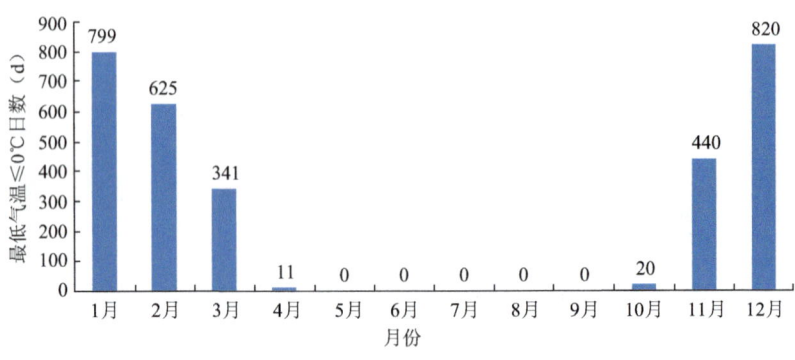

图 2.41　1990—2019年兰坪县最低气温≤0℃日数月变化

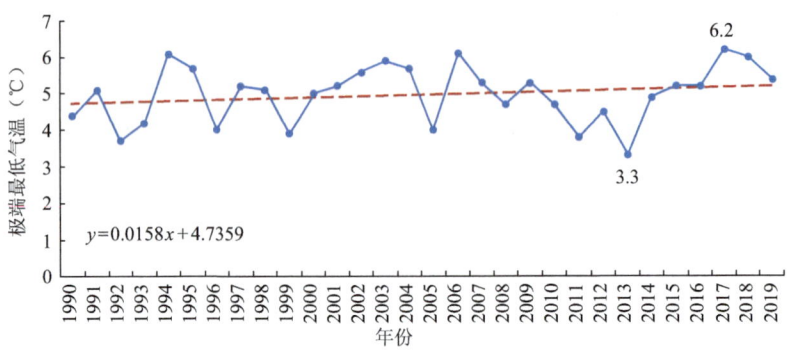

图 2.42　1990—2019年泸水市极端最低气温年际变化

（2）福贡县极端最低气温

1990—2019年，福贡县年极端最低气温总体呈上升趋势。上升速率为0.01 ℃/a。30年间，极端最低气温出现在2005年，最低温度达到0 ℃（图2.43）。

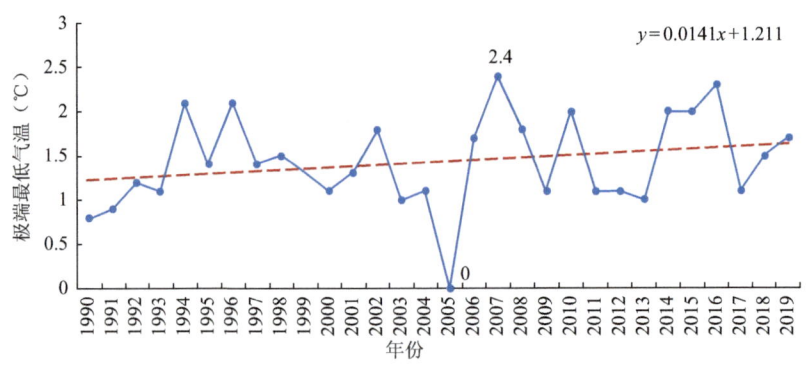

图 2.43　1990—2019年福贡县极端最低气温年际变化

(3）贡山县极端最低气温

1990—2019 年，贡山县年极端最低气温总体呈下降趋势。下降速率为 0.01 ℃/a。30 年间，极端最低气温出现在 2013 年，最低温度达到 -3 ℃（图 2.44）。

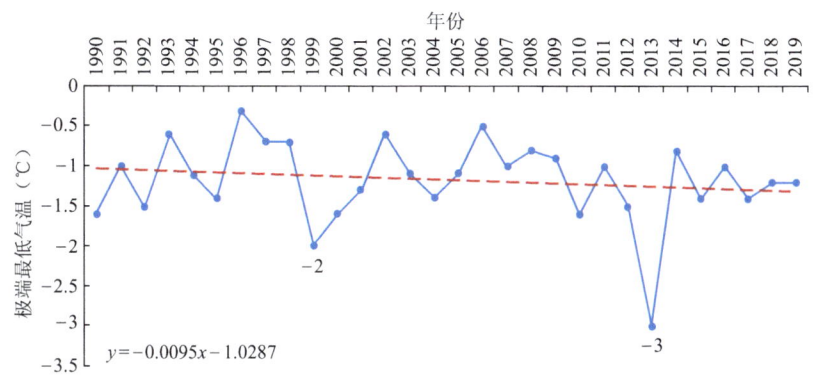

图 2.44　1990—2019 年贡山县极端最低气温年际变化

(4）兰坪县极端最低气温

1990—2019 年，兰坪县年极端最低气温总体呈上升趋势。上升速率为 0.01 ℃/a。30 年间，极端最低气温出现在 1994 年，最低温度达到 -9.7 ℃，其次为 2013 年，最低温度达到 -9 ℃（图 2.45）。

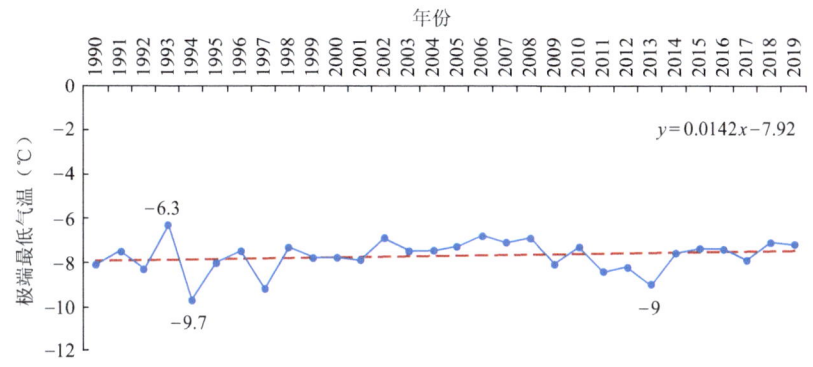

图 2.45　1990—2019 年兰坪县极端最低气温年际变化

2.4.3　低温灾害特征

低温灾害包括低温连阴雨、低温冷冻灾害、霜冻和寒潮等。怒江州低温连阴雨多发生在 3 月、4 月、8 月、9 月，霜冻和寒潮发生频率较低，低温冷冻灾害易发地主要分布在兰坪、贡山以及泸水、福贡的高海拔地区。怒江州低温冷冻灾害主要出现在高海拔地区,高风险乡镇有通甸、金顶、河西(历史极端最低 −7～−9 ℃),中风险乡镇石登、片马、啦井、中排、独龙江、丙中洛、捧当、茨开、普拉底(极端最低 −0.5～−3 ℃),低风险乡镇马吉、大兴地、石月亮、营盘、免峨、上江、上帕、鹿马登、架科底、子里甲、老窝、鲁掌、匹河、古登、洛本卓、六库、称杆(极端最低 0.0～7 ℃)。

1990—2019 年,怒江州共发生低温灾害 16 次,其中发生灾害最多的是泸水市,合计 8 次。发生灾害最少为贡山县和兰坪县,都为 1 次(图 2.46)。

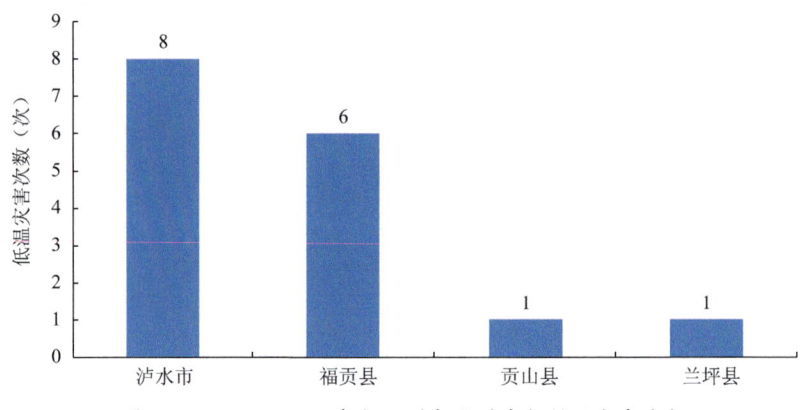

图 2.46　1990—2019 年怒江州各县(市)低温灾害次数

1990—2019 年,怒江州低温灾害主要发生在 2—5 月以及 7—8 月、10—11 月。其中 8 月最多,达到 5 次(图 2.47)。

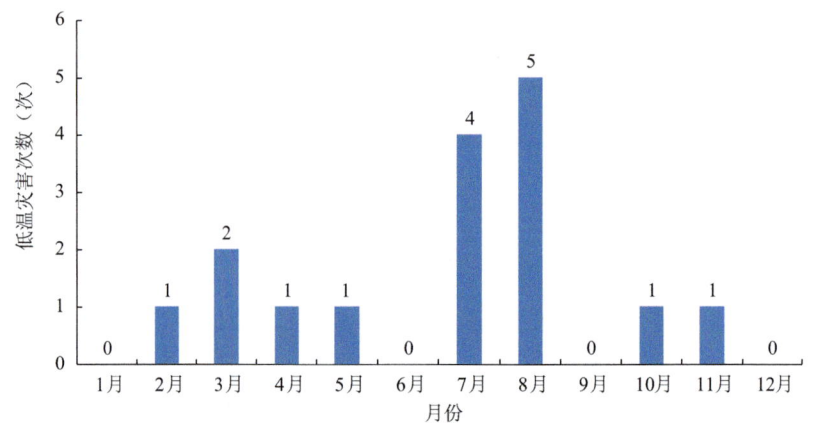

图 2.47　1990—2019 年怒江州低温灾害次数月分布

1990—2019 年，怒江州低温灾害主要发生在 1990—1993 年，1994—2005 年和 2017—2019 年无低温灾害发生。2006—2007 年低温灾害偶有发生。发生低温灾害最多年份为 2015 年，灾害次数为 4 次（图 2.48）。

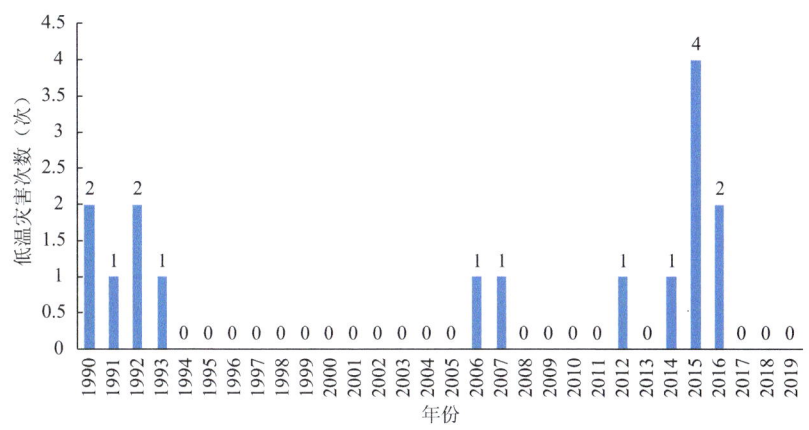

图 2.48　1990—2019 年怒江州低温灾害次数年分布

怒江州典型的低温灾害历史灾情：

2012 年末至 2013 年初秋冬季节，福贡县匹河乡受低温冷害影响，农作物受灾 0.5 万亩，成灾 0.21 万亩，绝收 0.14 万亩；经济作物受灾 0.08 万亩，成灾 0.05 万亩，绝收 0.028 万亩。

2.5　大风灾害

瞬时风速达到或超过 17.2 m/s（或目测估计风力达到或超过 8 级）的风为大风。有大风出现的一天称为大风日。大风会毁坏地面设施和建筑物。

2.5.1　大风日数

1990—2019 年，怒江州大风日数最多区域为泸水市，30 年间达到 105 d，其次为兰坪县，大风日数为 101 d。大风日数最少区域为贡山县，只有 27 d(图 2.49)。

（1）泸水市大风日数

1990—2019 年，泸水市大风日数最高年份为 2009 年，达到 9 d，其次为 2004 年、2006 年，大风日数达到 8 d。大风日数最低年份为 2008 年、2017 年、2018 年，全年无大风天气（图 2.50）。

1990—2019 年，泸水市大风日集中分布在 2—4 月，其中 3 月最多，达到

39 d，其次是 4 月，大风日数为 29 d。1 月、10 月、11 月、12 月无大风天气发生（图 2.51）。

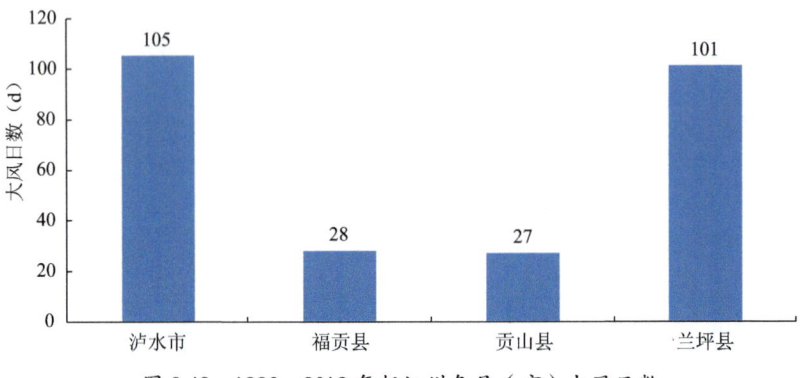

图 2.49　1990—2019 年怒江州各县（市）大风日数

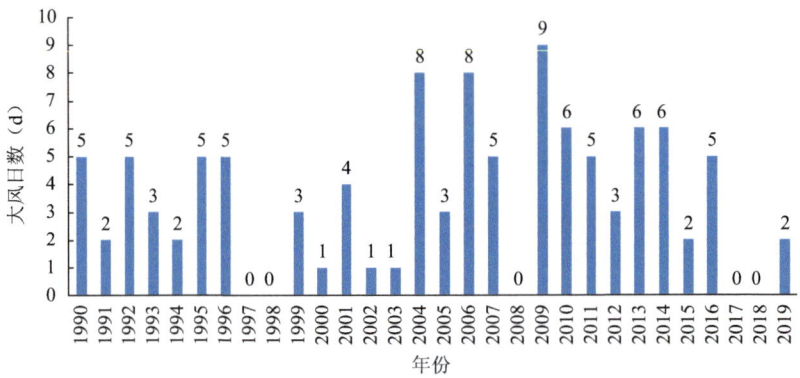

图 2.50　1990—2019 年泸水市大风日数年际变化

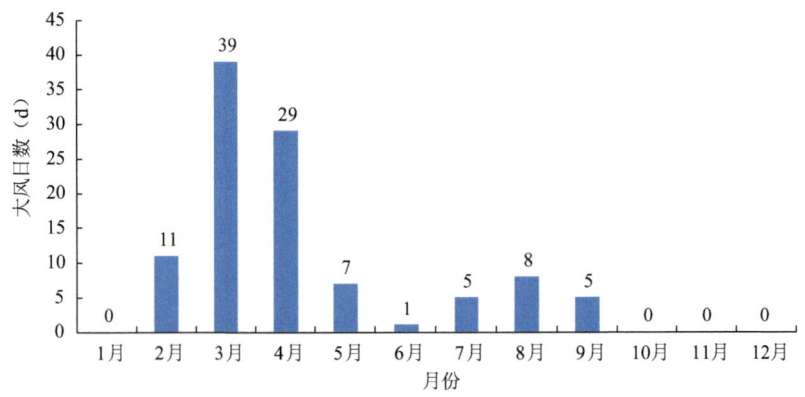

图 2.51　1990—2019 年泸水市大风日数月变化

（2）兰坪县大风日数

1990—2019年，兰坪县大风日数最高年份为1998年，达到11 d，其次为2011年和2012年，达到9 d。1995年、2005年、2006年无大风日数（图2.52）。

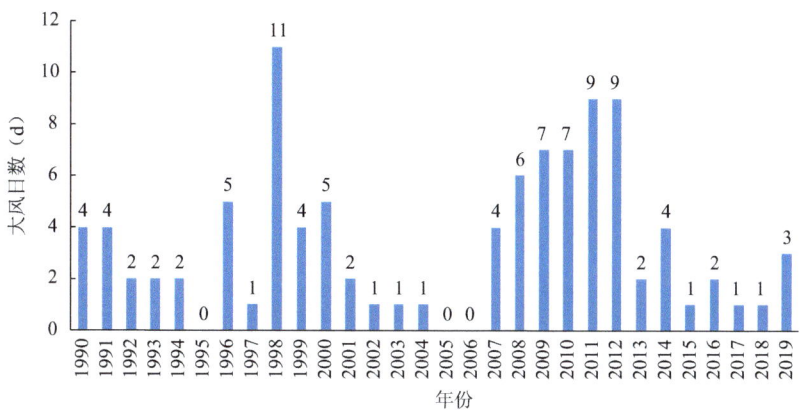

图2.52　1990—2019年兰坪县大风日数年际变化

1990—2019年，兰坪县大风日集中分布在2月、3月，其中3月最多，达到41 d，2月大风日数为30 d。6—11月大风日数均未超过1 d（图2.53）。

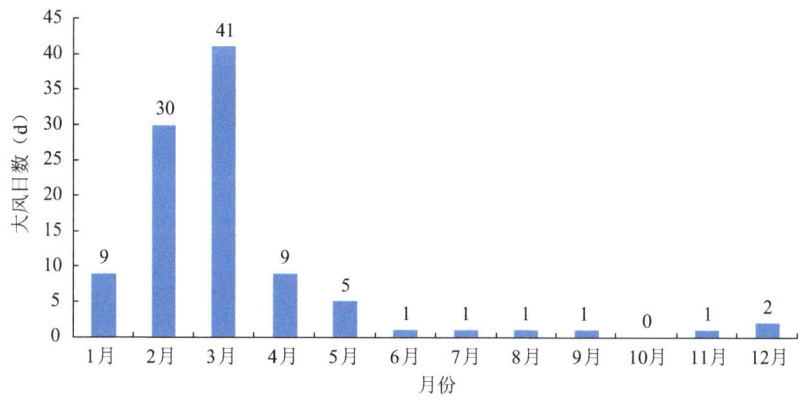

图2.53　1990—2019年兰坪县大风日数月变化

2.5.2　最大风速

此处最大风速是指在给定时段内10 min平均风速最大值。

（1）泸水市最大风速

1990—2019年，泸水市最大风速最高年份为2001年，达到16 m/s，其次为

1992年，最大风速达到15 m/s。最大风速数值最低年份为2017年，只有6.6 m/s（图2.54）。

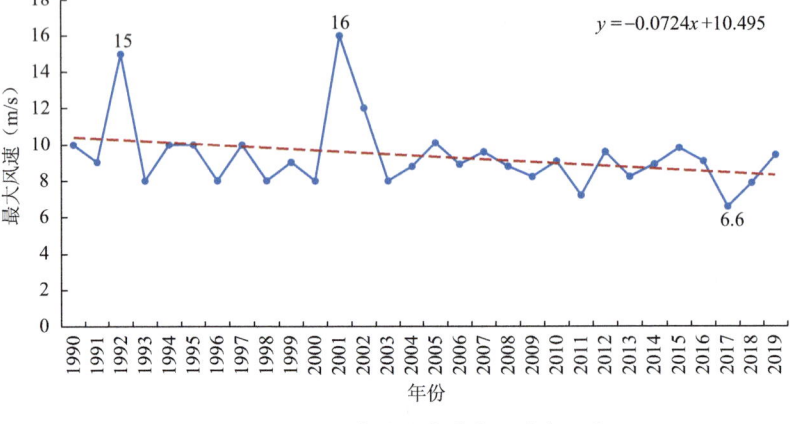

图2.54　1990—2019年泸水市最大风速年际变化

（2）福贡县最大风速

1990—2019年，福贡县最大风速总体呈减小趋势。2006—2019年最大风速都在10 m/s以下。最大风速最高年份为2002年，达到20 m/s，其次为2000年，最大风速达到13 m/s。最大风速数值最低年份为2013年，只有3.9 m/s（图2.55）。

（3）贡山县最大风速

1990—2019年，贡山县最大风速总体呈减小趋势。最大风速最高年份为1996年，达到14 m/s，其次为2007年，最大风速达到9.7 m/s。最大风速数值最低年份为1998年，只有5 m/s（图2.56）。

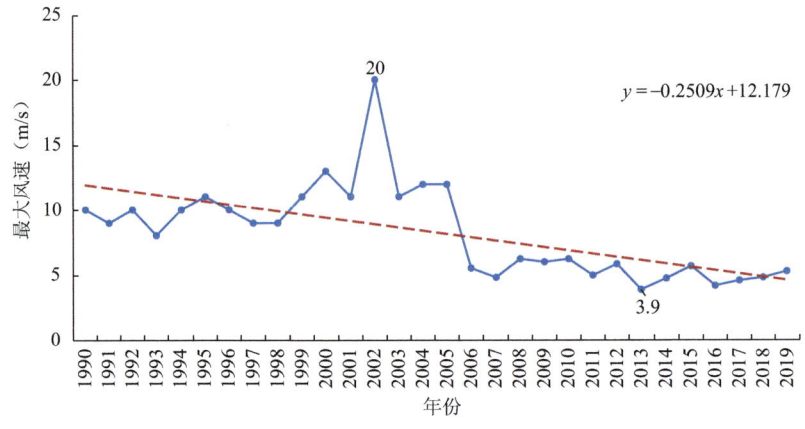

图2.55　1990—2019年福贡县最大风速年际变化

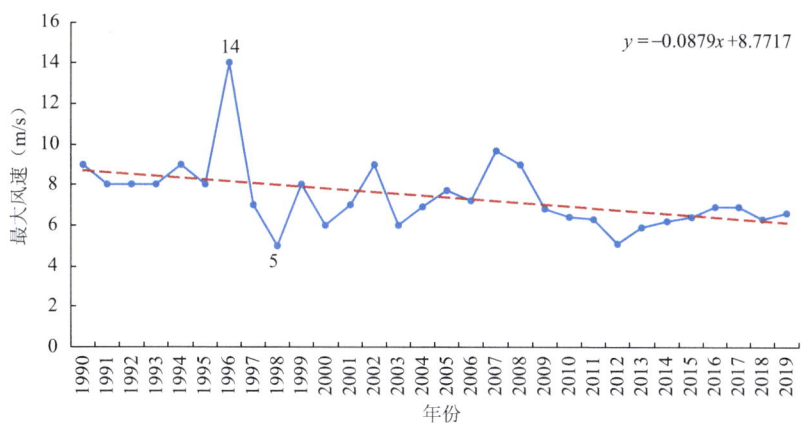

图 2.56 1990—2019 年贡山县最大风速年际变化

（4）兰坪县最大风速

1990—2019 年，兰坪县最大风速总体呈减小趋势。最大风速最高年份为 1991 年，达到 25 m/s，其次为 2000 年，最大风速达到 16 m/s。最大风速数值最低年份为 2007 年，只有 7.6 m/s（图 2.57）。

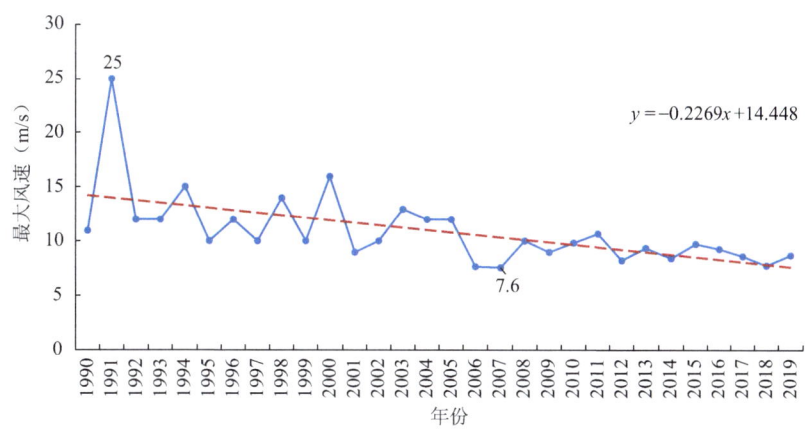

图 2.57 1990—2019 年兰坪县最大风速年际变化

2.5.3 大风灾害特征

怒江峡谷地形的狭管效应可以促使风速增大，使地形效应突出的某些地带成为大风多发区。泸水、福贡、贡山大风概率最大在 3 月，其次在 4 月。兰坪大风概率最大在 3 月，其次在 2 月（表 2.2）。怒江州大风灾害主要出现在河谷地区，大风灾害出现较多的乡镇有匹河、马吉、鹿马登、石月亮、上帕、架科底、上江、六库,一般的乡镇有捧当、茨开、丙中洛。

表2.2　1990—2019年怒江州各县(市)各月大风概率(单位:%)

地区	1月	2月	3月	4月	5月	6月	7月	8月	9月	10月	11月	12月
泸水	0	10	37	28	7	1	5	8	4	0	0	0
福贡	0	7	21	18	11	11	4	7	7	7	7	0
贡山	0	4	22	22	11	15	19	4	0	3	0	0
兰坪	9	30	41	9	5	1	1	1	1	0	1	1
全州	3	17	35	19	7	5	5	5	3	1	1	1

怒江州典型的大风历史灾情:

1992年7月24日下午,泸水县上江乡遭受的大风、龙卷风的袭击,部分大树被拦腰折断。

2002年10月5日福贡县大风,瞬间极大风速20 m/s,全县6乡1镇不同程度受灾,民房受灾323户1600人,吹毁石棉瓦1896片、油毛毡935卷,经济损失超过30万元。

2.6　雷电灾害

雷电灾害被联合国"国际减灾十年"确定为最严重的10种自然灾害之一。雷电是发生于大气中的一种瞬时高电压、大电流、强电磁辐射的灾害性天气现象。雷电多伴随强对流天气产生,闪电按其发生的空间位置可分为云地闪电、云内闪电、云际闪电等。雷电产生的高温、猛烈的冲击波以及强烈的电磁辐射等物理效应,使其能在瞬间产生巨大的破坏作用。常常会造成人员伤亡,击毁建筑物、供配电系统、通信设备,造成计算机信息系统中断,危害人民财产和人身安全。随着社会经济发展和现代化水平的提高,特别是信息技术的快速发展,城市高层建筑物的日益增多,雷电灾害的危害程度和造成的经济损失及社会影响也越来越大。

2.6.1　雷暴日数

1990—2013年,怒江州雷电观测资料主要是人工观测雷暴日数。全州年平均雷暴日数为31 d,雷暴日最多年份为1994年,达到43 d,其次是2006年,合计有41 d。雷暴日数最少年份为1998年、2004年,合计只有25 d。雷暴日最多区域为泸水市，年平均雷暴日为 37 d，其次是兰坪县，雷暴日数为 34 d。雷暴日最少区域为贡山县，年平均雷暴日只有 24 d（图 2.58）。

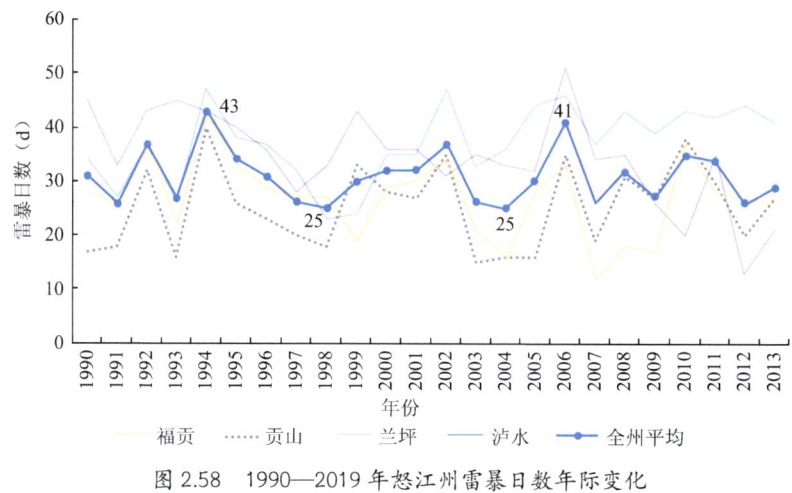

图 2.58　1990—2019 年怒江州雷暴日数年际变化

2.6.2　地闪次数

2010—2019 年，怒江州雷电观测资料主要是闪电定位仪观测资料。全州地闪次数最多年份是 2016 年，地闪次数 5585 次，其次是 2013 年，地闪次数 4829 次。地闪次数最少年份是 2015 年，全年只有 1524 次（图 2.59）。

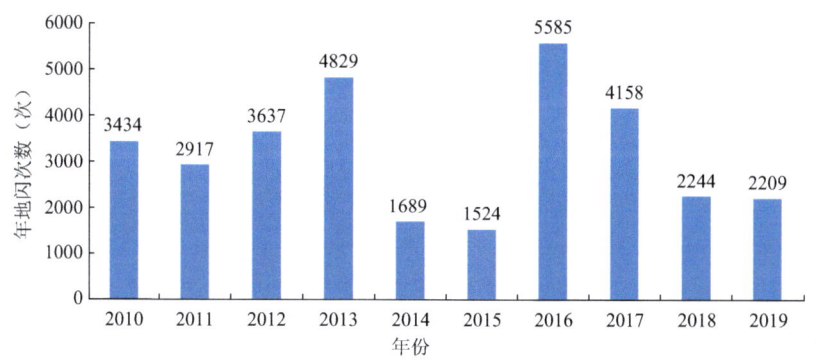

图 2.59　2010—2019 年怒江州地闪次数年分布

2010—2019 年，全州地闪集中分布在 7—9 月，其中 8 月最多，年平均地闪次数达到 1517.8 次，其次是 7 月，年平均地闪次数为 695.5 次。年平均地闪次数最少为 12 月，只有 1.9 次，基本无闪电活动发生（图 2.60）。

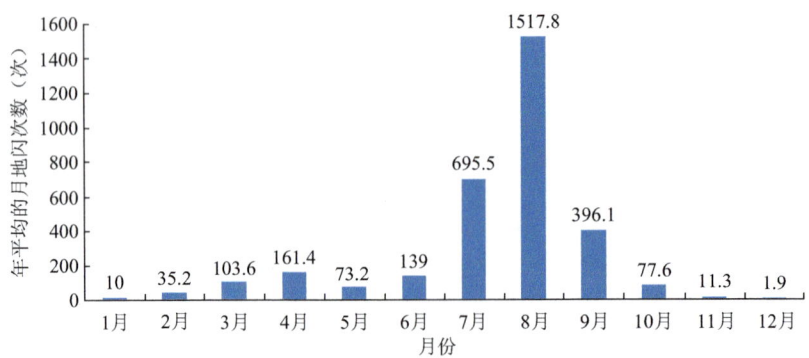

图 2.60　2010—2019 年怒江州年平均地闪次数月分布

2010—2019 年，一天中地闪小时变化有两个峰值区。一个是 14—20 时，该时段地闪次数占全天地闪次数的 60%。其中 16—17 时年平均地闪次数达到 391 次。另一个峰值区是凌晨 0—3 时，该时段地闪次数占全天地闪次数的 16%。上午 9—11 时基本无闪电活动发生（图 2.61）。

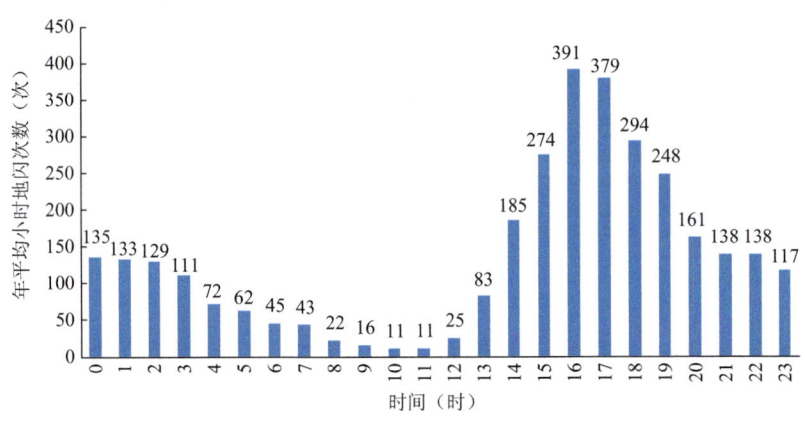

图 2.61　2010—2019 年怒江州年平均地闪次数小时分布

2.6.3　雷电灾害特征

怒江州复杂的地形地貌容易引发雷电等强对流天气。根据 1990—2019 年观测数据，全州雷电出现概率最大在 8 月，其次在 3 月、4 月。贡山、泸水雷电出现概率最大在 8 月，其次在 3 月、4 月；福贡雷电出现概率最大在 4 月，其次在 3 月；兰坪雷电出现概率最大在 8 月，其次在 7 月（表 2.3）。

表2.3 1990—2019年怒江州各县（市）各月雷电概率（%）

地区	1月	2月	3月	4月	5月	6月	7月	8月	9月	10月	11月	12月
泸水	1	3	15	17	8	8	12	21	11	3	1	0
福贡	1	6	27	29	6	4	7	13	4	1	1	0
贡山	1	3	18	18	6	6	15	24	6	2	1	0
兰坪	0	0	3	4	6	16	22	26	19	4	1	0
全州	1	3	16	17	7	8	14	21	10	3	1	0

1990—2019年，怒江州共发生雷电灾害13次，其中发生灾害最多的是泸水市，合计5次。发生灾害最少为贡山县，只有1次（图2.62）。

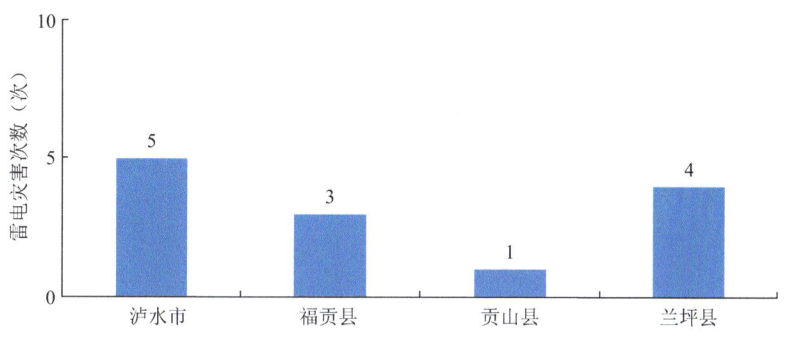

图 2.62 1990—2019 年怒江州各县（市）雷电灾害次数

怒江州典型的雷电历史灾情：

1992年7月24日，泸水县老窝乡发生雷击，重伤4人，牲畜死亡3头。

2010年4月14日，泸水县老窝乡崇仁村跑马坪完小遭受雷电袭击，击毁冰箱4台、蒸饭机1台、电脑2台、复印机1台、电视机6台、接收机6台、电表8个、广播器材1套、供电线路2400 m、房屋受损3间，直接经济损失近9万元。

2.7 综合风险和防御特征

2.7.1 综合风险分布特征

近年来，随着全球气候逐渐变暖，怒江州暴雨洪涝、干旱等气象灾害更加突出，每年因气象灾害造成的损失也越来越大，气象防灾减灾任务十分艰巨。暴雨洪涝灾害是造成怒江州经济损失、人员伤亡最严重的气象灾害，福贡、贡山、泸水北部及片马、兰坪西北部为怒江州暴雨灾害发生的高风险区域,其中独龙江、马吉风险最高。干旱是对怒江州农业、林业及居民生活影响较大、持续时间最长的气象灾害,高风险区主要包括兰坪、泸水干热河谷地区、兔峨、营盘、上江、六库等沿江一线乡镇干旱风险最高。大风、冰雹、雷电、高温、低温气象灾害,在怒江州范围内多为局地灾害,影响范围小、持续时间短。

2.7.2 气象灾害防御特征

地理环境、气候、人类活动是形成怒江州气象灾害的主要原因。在特殊的低纬高原、复杂的地形地貌、山高坡陡、降雨集中、地质构造复杂的地理条件下,城市、乡镇、农村的各种气象灾害风险程度不尽相同,因此防御侧重点有所区别。而以重要河流、重点旅游景区为代表的重点区域对气象灾害影响的敏感程度更高。因此,气象灾害防御要以突出区域联防、部门联动、点面结合的原则,按照全面防御、突出重点的战略布局,区分城市、乡镇、农村、重点区域,有针对性地进行气象灾害防御工作的开展和组织管理。

(1)城市

城市是人口稠密区和经济密集区,随着城市快速发展及人类活动的影响,城市内涝、干旱缺水、高温等造成的灾害影响日益加重,导致资源配置紧张、人居环境恶化等问题日益突出。防御城市气象灾害,需要大力开展城市气象灾害风险评估和城市暴雨强度公式的编制及应用,并向有关部门提供相应的气象支撑数据,为科学编制城市规划以及研究制定相关基础设施防御标准提供依据,加强城市的气象灾害防御基础设施能力建设,增强早期预警、提前防范能力。

(2)乡镇

怒江州29个乡镇大部集中在怒江、澜沧江沿江一带,这些区域乡镇居民人口较密集,农林业种植、养殖业较多。暴雨洪涝、干旱、低温、雪灾等气象灾害对粮食、经济作物的生产及生态环境造成的威胁和影响不可忽视,而乡镇气象信息接收传播相对不畅,基础设施抗灾能力薄弱,防灾意识不强,防灾避灾技能不高,减灾工作亟待加强。防御乡镇气象灾害,需要加强气象灾害监测预警发布能力建设,提高气象灾害预警信息的覆盖面;加强防灾科普宣传和防灾避灾应急自救技能培训;开展乡镇气象灾害风险评估,开展基础设施防御气象灾害能力普查,修订完善乡镇防灾标准;加固和改造现有乡镇的防灾基础设施。

(3)农村

农村是气象灾害防御的薄弱地区,交通、电力和水利设施等易受气象灾害影响。暴雨洪涝的影响尤为显著,造成滑坡泥石流,导致交通瘫痪、电力供应中断、供储水设施毁坏、民房倒塌等严重后果。然而农村接收气象灾害预警信息不畅，农业和农村基础设施抗灾能力薄弱，农村防灾意识不强，防灾避灾技能不高。

防御农村气象灾害，需要加强气象灾害监测预警发布能力建设，提高气象灾害预警信息的覆盖面；加强防灾科普宣传和防灾避灾应急自救技能培训；开展农村气象信息员培训，开展基础设施防御气象灾害能力普查；加固和改造现有的农业与农村防灾基础设施和民宅建筑。

（4）重要河流

在地理分布上，怒江州内自东向西为云岭、碧罗雪山、高黎贡山、担打力卡山四山排列，澜沧江、怒江、独龙江三江纵流，形成了高山与激流贯纵的峡谷地貌，突出的海拔高差和北高南低的地势环境影响热量条件的再分配，导致怒江州境内气候差异显著、气候容量有限，夏季易发生暴雨洪涝灾害，冬季易发生干旱，严重威胁沿江一带人民生命财产安全和区域经济发展。

重要河流的气象灾害防御应把防御大范围暴雨和持续性强降水引发的中小河流洪水、滑坡、泥石流、坍塌等次生灾害和季节性干旱放在首位。山洪地质灾害突发性强，防御难度极大。要加强气象、水利、自然资源与规划局等多部门的群防群策，联合防御。要合理布设重要河流及地质灾害易发区的气象、水文监测网，及时获取面雨量和地质灾害易发地带的雨量，实现部门间的信息共享；加强重大灾害性天气预报的准确率和精细化水平，加强突发性强降水的短时临近预报预警业务，编制更新洪涝、干旱精细化风险区划，调整防洪标准，提高防抗能力。

（5）重点旅游景区

怒江州境内旅游资源非常丰富。旅游业是严重依赖自然环境和气象条件的产业，气象条件是影响旅游安全和旅游质量的重要因素。暴雨、高温、雷电等气象灾害不仅直接给景区的自然资源带来不利影响，影响正常旅游活动，更重要的是严重威胁游客安全。旅游景区的气象灾害防御，重点是加强部门合作，开展重点旅游景区气象灾害风险评估，推进景区气象观测站网、景区气象灾害预警信息接收、传播设备设施的建设，加强和规范针对景区的气象灾害预警信息发布。建立和完善旅游现代气象服务体系，联合开展旅游景区特殊气象景观和旅游气象指数开发，做好节假日旅游气象预报服务。加快推进在独龙江、丙中洛、老君山等主要景区建设旅游气象安全示范区。

第 3 章
气象灾害风险区划方法

3.1 气象灾害风险区划模型

基于自然灾害风险形成理论,气象灾害风险由危险性(致灾因子)、敏感性(孕灾环境)、易损性(承灾体)组成。危险性表示引起灾害的致灾因子强度及概率特征,是灾害产生的先决条件;敏感性表示在气候条件相同的情况下,某个孕灾环境的地理地貌条件与致灾因子配合,在很大程度上能加剧或减弱气象灾害。易损性表示承灾体的整个社会经济系统易于遭受灾害威胁和损失的性质和状态。

气象灾害风险区划是研究可能发生的气象灾害(即致灾临界条件)的概率或超越某一概率的灾害最大等级的空间分布,并阐述不同超越概率下气象灾害的风险。它包括:

① 确定致灾临界条件;

② 确定致灾临界条件的概率或超越某一概率的气象灾害最大等级的空间分布。孕灾环境和防灾工程发生明显变化时,需要重新编制风险区划;

③ 评估在气象灾害不同超越概率下各类承灾体的风险;

④ 提出防御气象灾害的有效措施。

各评价指标的权重采用熵值法、多元线性回归、层次分析法等进行综合加权来确定,建立气象灾害风险指数评价模型,公式为:

$$MDRI=VE^{\omega e} \ VH^{\omega h} \ VS^{\omega s}$$

式中,$MDRI$ 为气象灾害风险指数,表示气象灾害风险程度,其值越大,灾害风险越大。VE、VH、VS 表示综合加权法计算得出灾害危险性(致灾因子)、敏感性(孕灾环境)、易损性(承灾体)综合指数,ωe、ωh、ωs 为各综合评价因子的权重。最后根据评估区域灾害风险指数的大小,将区域气象灾害风险划分为一般风险区、中等风险区、次高风险区、高风险区、极高风险区。以上述评价模型为基础，分别建立大风、干旱、雷电、暴雨、高温、低温灾害的风险区划模型，分析得出各种气象灾害的致灾因子综合指标图层、孕灾环境综合指标图层和承灾体易损性综合指标图层。再应用层次分析法计算致灾因子综合指标图层、孕灾环境综合指标图层和承灾体易损性综合指标图层的权重，用 ArcGIS 中的栅格计算器将 3 个图层按各自权重进行叠加，得出各种气象灾害综合风险区划图。

确定与致灾因子、孕灾环境和承灾体相对应的指标后，为了消除各指标的量纲差异，需对每一个指标值进行归一化处理，生成标准化矩阵 $R=(r_{ij})_{m \times n}$，其中，对大者为优的参数，$r_{ij}=\dfrac{x_{ij}-\min\limits_{1 \leqslant j \leqslant n}x_{ij}}{\max\limits_{1 \leqslant j \leqslant n}x_{ij}-\min\limits_{1 \leqslant j \leqslant n}x_{ij}}$，而对于小者为优的参数，$r_{ij}=\dfrac{\max\limits_{1 \leqslant j \leqslant n}x_{ij}-x_{ij}}{\max\limits_{1 \leqslant j \leqslant n}x_{ij}-\min\limits_{1 \leqslant j \leqslant n}x_{ij}}$。

3.2 指标权重计算方法

3.2.1 熵值法加权

用熵值法可分别计算表征灾害危险性和承灾体易损性的各指标的权重。然后用归一化的指标值乘以各自权重再相加，得到致灾危险性和承灾体易损性综合指标，再用 ArcGIS 根据指标值生成致灾危险性和承灾体易损性指标图层。

熵值法计算权重的方法及步骤为：如有 m 个评价参数，n 个评价样本，则形成原始数据矩阵 $X=(x_{ij})_{m \times n}$，对于某项参数 x_i，在第 j 个样本中的参数值 x_{ij} 的差异越大，则该参数在综合评价中所起的作用越大。如果某项参数的参数值全部相等，则该指标在综合评价中几乎不起作用。计算步骤为：

① 计算第 i 个参数在 n 个样本中的特征比重 $P_{ij}=r_{ij}/\sum\limits_{j=1}^{n}r_{ij}$；

② 计算第 i 个参数的熵值 $e_i=-k \cdot \sum\limits_{j=1}^{n}P_{ij} \cdot \ln P_{ij}$，式中，$k=1/\ln n$；

③ 计算第 i 个参数的差异性系数。在 n 个样本中，x_{ij} 的差异越小，则 e_i 越大，当 x_{ij} 全部相等时，$e_j=1$，此时对于样本间的比较，参数 x_i 毫无作用；当 x_{ij} 差异越大，e_i 越小，参数 x_i 起的作用比较大，因此定义差异系数 $g_i=1-e_i$，g_i 越大该参数的作用也就越大；

④ 确定归一化后的权数 $w_i=g_i/\sum\limits_{i=1}^{m}g_i$。

3.2.2 相关回归分析

回归分析用于研究可测量的变量之间的关系，根据变量间的关系，由一个或几个变量来预测另一个变量的取值，一般分析步骤为：确定分析变量，构造回归模型，诊断模型，利用模型进行描述控制预测。回归参数最常用的是最小二乘法。最小二乘法（又称最小平方法）通过最小化误差的平方和寻找数据的最佳函数匹配。利用最小二乘法可以简便地求得未知的数据，并使得这些求得的数据与实际数据之间误差的平方和为最小。对给定数据点集合 $\{(X_i, y_i)\}$（$i=0$, 1, 2, $\cdots$, m），在取定的函数类 φ 中，求 $p(X) \in \varphi$，使误差的平方和 E^2 最小，$E^2 = \sum [p(X_i) - y_i]^2$。

从几何意义上讲，就是寻求与给定点集 $\{(X_i, y_i)\}$（$i=0$, 1, 2, $\cdots$, m）的距离平方和为最小的曲线 $y=p(X)$。函数 $p(X)$ 称为拟合函数或最小二乘解，求拟合函数 $p(X)$ 的方法称为曲线拟合的最小二乘法。调用 SAS 软件的 REG 过程可运用最小二乘法来计算回归参数。建立回归模型后，需对回归模型进行诊断检验，检验的内容包括：残差是否随机分布，是否为正态性，高度相关的自变量是否引起共线性，样本数据是否存在异常值，误差项独立性检验中 DW 值是否接近于 2。

3.2.3 层次分析法加权

目前在灾害区划中确定权重使用最广泛也最理想的是 AHP 法（层次分析法），它是一种定性分析和定量分析有机结合在一起的系统分析和决策的新方法。用 AHP 法进行分析主要有以下几个步骤：

① 建立层次结构模型：将问题所包含的因素分层，可以划分为最高层、中间层、最低层。最高层表示解决问题的目的。中间层为实现总目标而采取的措施、方案、政策，一般分为策略层、约束层、准则层等。最低层是用于解决问题的各种措施、政策、方案等。

② 构造判断矩阵：建立递阶层次结构之后，就需要对处于上层某一元素支配的所有元素构造两两比较判断矩阵。

③ 标度的确定：层次分析方法在建立判断矩阵时所用的标度有多种形式，本文采用 1～9 整数及其倒数比例标度法进行标度。

④ 层次单排序和层次总排序：解出标度后的判断矩阵的最大特征值 λ_{max} 及其对应的特征向量，并对特征向量进行标准化处理，这一过程称为层次单排序；标准化的特征向量就是该层次的指标权值。层次总排序就是层次单排序的加权组合，即该层指标权值与上一层指标权值的乘积。

⑤ 一致性检验：当矩阵的阶数大于 3 时，可能会出现矩阵计算结果的非一致性，此时必须对判断矩阵进行一致性检验。一致性检验指标为 $CI = \dfrac{\lambda_{max} - n}{n - 1}$，其

中，n 为判断矩阵的阶数。而一致性比例为 $CR=\dfrac{CI}{RI}$，其中 RI 是平均随机一致性指标。当 $CR<0.1$ 时，判断矩阵有较好的一致性。

3.3 指标等级划分方法

3.3.1 百分位数法

一般采用百分位数法来确定极端气候事件的分级阈值。百分位数法是将一组数据按大小排序，并计算相应的累计百分位，则某一百分位所对应数据的值就称为这一百分位的百分位数，可表示为：一组 n 个观测值按数值大小排列，处于 $p\%$ 位置的值称为第 p 百分位数，计算步骤为：

① 以递增（递减）顺序排列 n 个原始数据；

② 计算指数 $i=n \cdot p\%$；

③ 若 i 不是整数，将 i 向上取整，大于 i 的毗邻整数即为第 p 百分位数的位置。若 i 是整数，则第 p 百分位数是第 i 项与第 $i+1$ 项数据的平均值。

3.3.2 聚类分析法

聚类分析就是将变量按一定规则分成组或类的数学分支。当指标中样品个数很大时，需调用 SAS 中动态聚类法对指标的样品值进行分类。动态聚类法的基本思想是选取一批凝聚点或给出一个初始的分类，让样品按某种原则向凝聚点凝聚，对凝聚点进行不断修改和迭代，直至分类比较合理或迭代稳定为止。最常用的是 k 均值法，它由麦奎因提出并命名，其基本步骤如下：

① 选择 k 个样品作为初始聚类点，或者将所有样品分成 k 个初始类，然后将这 k 个类的重心（均值）作为初始凝聚点；

② 对除凝聚点之外的所有样品逐个归类，将每个样品归入凝聚点离它最近的类（通常采用欧氏距离），该类的凝聚点更新为这一类目前的均值，直至所有样品归类完毕；

③ 重复步骤②，直至所有样品不能再分类为止。

3.3.3 自然断点法

用 ArcGIS 中的栅格计算器将危险性（致灾因子）、敏感性（孕灾环境）、易损性（承灾体）3 个因子层进行加权叠加后，需用自然断点法对综合指标进行区划等级划分。其原理是根据数据序列本身的统计规律，按要求设定等级断点的个数，使等级内方差最小，同时使不同等级间方差最大的最优化数据分组方法。

3.4 空间分析方法

空间分析主要应用于对孕灾环境的分析。对于小范围局部地区来说，其气象灾害风险空间分布特征主要受下垫面环境的影响。一般而言，地形地貌、河流网络、地表覆盖、土壤等环境要素会对气象灾害的孕育产生影响。对于不同的气象灾害，受下垫面环境的影响各不相同，下垫面环境影响因子主要包括海拔、地形起伏、坡度、土地利用类型、河网密度，这些因子均需结合空间分析方法进行量化。

3.4.1 邻域分析

地形起伏主要考虑地形标准差的分级。地形标准差是在 ArcGIS 中对 DEM（数字高程模型）数据作邻域分析，求出以目标格点为中心的边长为 10 个栅格的正方形范围内所有栅格点高层的标准差，然后用样本量等分的方法进行分级，将地形标准差分为 3 级。在执行过程中此算法将访问栅格中的每个像元，并且根据识别出的邻域范围计算出指定的统计数据。要计算统计数据的像元称为处理像元，处理像元的值以及所识别出的邻域中的所有像元值都将包含在邻域统计数据计算中。

3.4.2 密度分析

在分析河网水系的影响时，需用河网密度这一指标来反映水系密集程度。河网密度的生成以云南省河网矢量文件为基础，利用 ArcGIS 中密度分析工具得到。其原理是以目标格点为中心，取半径为 5 km 的圆，计算该圆范围内所有河流程度的总和，然后除以圆面积，得到的值即为目标格点的值。

3.4.3 重分类分析

在识别土地利用类型的影响时，需根据不同土地利用类型分类指标对气象灾害的影响程度对原始数据进行重新分类赋值。可利用 ArcGIS 中重分类工具对土地利用类型的栅格值进行重新分类赋值。

第4章
主要气象灾害风险区划

4.1 暴雨灾害风险区划

4.1.1 暴雨灾害风险区划模型

暴雨灾害风险区划模型如图 4.1 所示,用 8 个指标加权后的综合指数表征暴雨灾害风险。

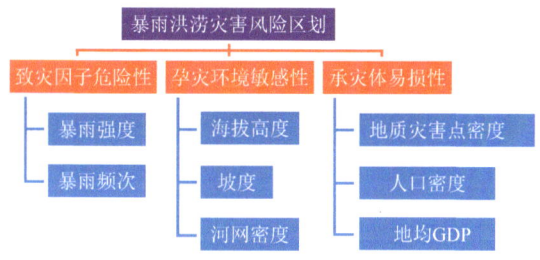

图 4.1 暴雨灾害风险区划模型

4.1.2 致灾因子危险性评估与区划

暴雨灾害主要是由于降水异常偏多、降水强度大引起的,致灾风险与过程雨量及降雨时长密切相关。用暴雨过程强度指数来表征暴雨强度。一次降水过程中至少有一天的日累积降水量≥50 mm 定义为一次暴雨过程。统计怒江州辖区内自动站历年日累计降水资料,将符合条件的暴雨日进行汇总排序,统计每个暴雨日的累计降水量、暴雨日最大小时降水量、暴雨日小时降水量≥16 mm 小时数,用这 3 个指标表征每个暴雨日的暴雨强度。用熵值法计算 3 个指标的权重分别为0.43、0.21、0.36，将3个指标值进行归一化处理后加权合成，得到每个暴雨日的暴雨强度，然后对每个站点的暴雨强度进行累加平均，再将站点暴雨强度平均值用反距离权重法进行插值，生成暴雨强度图层。用统计的各个站点暴雨次数生成暴雨频次图层。再用熵值法计算暴雨强度和暴雨频次的权重分别为0.35和0.65，再用栅格计算器按权重进行两个图层的叠加，得到暴雨致灾因子危险性图层。

怒江州暴雨灾害极高危险区主要位于福贡县中部，高危险区包括泸水市中部和南部、贡山县中南部、福贡县南部，次高危险区位于兰坪县南部、福贡县北部、泸水市北部，中等危险区位于兰坪县中部偏东北区域、贡山县北部，一般危险区主要位于兰坪县北部（图4.2）。

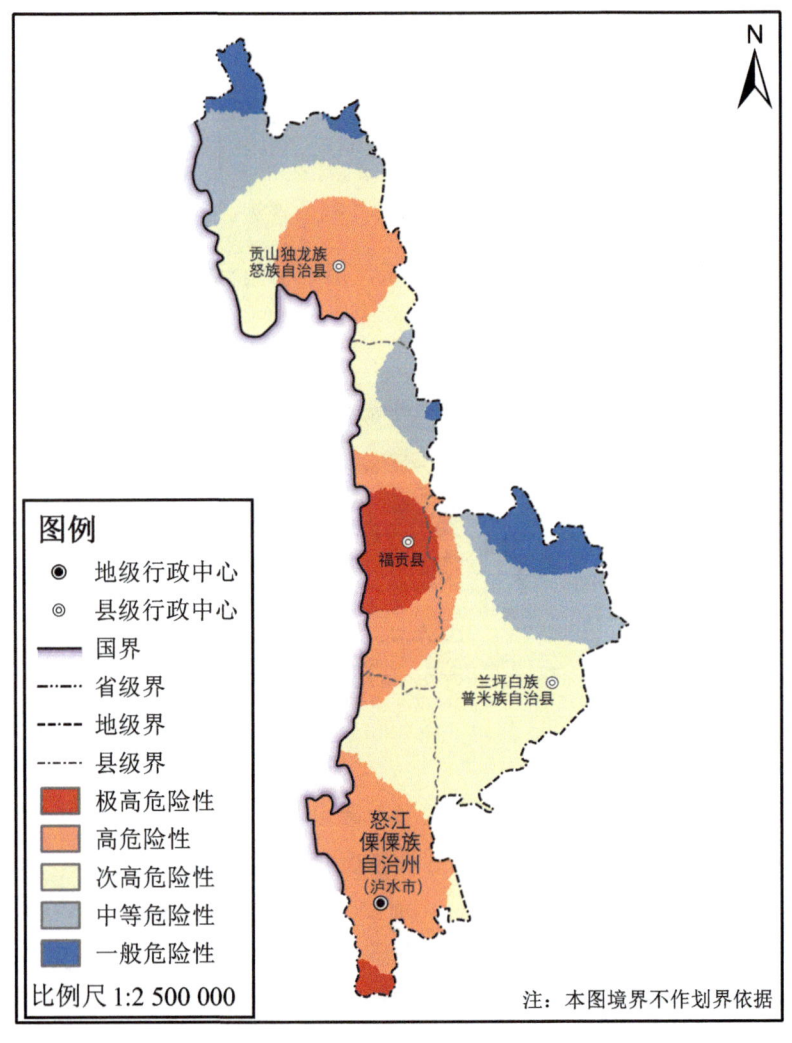

图4.2 怒江州暴雨灾害致灾因子危险性区划

4.1.3 孕灾环境敏感性评估与区划

暴雨灾害孕灾环境主要考虑地形、水系等因子对洪涝灾害形成的综合影响。地形主要包括海拔和坡度。地势越低、坡度越小的平坦区域不利于积水的排泄，容易造成洪涝灾害。水系主要考虑河网密度。河网越密集，距离河流、湖泊、大型水库越近的区域遭受洪涝灾害的风险越大。用 1 km×1 km 栅格提取海拔、坡度、河网密度数据，用熵值法计算 3 个指标的权重分别为 0.34、0.33、0.33，将 3 个指标值进行归一化处理后加权合成得到暴雨孕灾环境敏感性图层。

怒江州暴雨灾害极高敏感区主要位于怒江、澜沧江、独龙江、通甸河等河流周边区域，高敏感区和次高敏感区也主要沿河流区域向外延伸区域分布。中等敏感区主要位于兰坪县澜沧江与沘江中间相邻区域。一般敏感区主要位于贡山县河流区域以外的其他区域（图 4.3）。

4.1.4 承灾体易损性评估与区划

用怒江州人口密度、地均 GDP、地质灾害点密度表征承灾体的易损性，这 3 个指标越大，发生暴雨洪涝造成损失的风险就越大。所用人口密度及地均 GDP 图层数据为中国科学院资源环境科学数据中心提供的全国范围 2020 精度为 1 km×1 km 的社会经济数据。地质灾害点密度图层由怒江州区域内地质灾害隐患点插值得出。用层次分析法计算 3 个指标在表征承灾体易损性时的权重，将 3 个指标值进行归一化处理后加权合成承灾体易损性综合指标图层。

怒江州暴雨灾害极高易损区主要位于福贡县中部、泸水市中南部，高易损区包括泸水市中部、福贡县南部，次高易损区位于兰坪县澜沧江和沘江周边区域、泸水市西部和东部，中等易损区位于兰坪县中部和西部、福贡县东部，一般易损区主要位于贡山县（图 4.4）。

4.1.5 暴雨灾害风险区划

应用层次分析法计算暴雨致灾因子综合指标图层、孕灾环境综合指标图层和承灾体易损性综合指标图层的权重分别为 0.5、0.25、0.25。用 ArcGIS 中的栅格计算器将 3 个图层按各自权重进行叠加，得出暴雨灾害综合风险区划图。

怒江州暴雨灾害极高风险区主要位于福贡县中部，高风险区包括泸水市南部、福贡县南部、贡山县中部，次高风险区位于兰坪县东南部和西北部、泸水县西北部和东北部、贡山县南部和西部，中等风险区位于兰坪县中部、

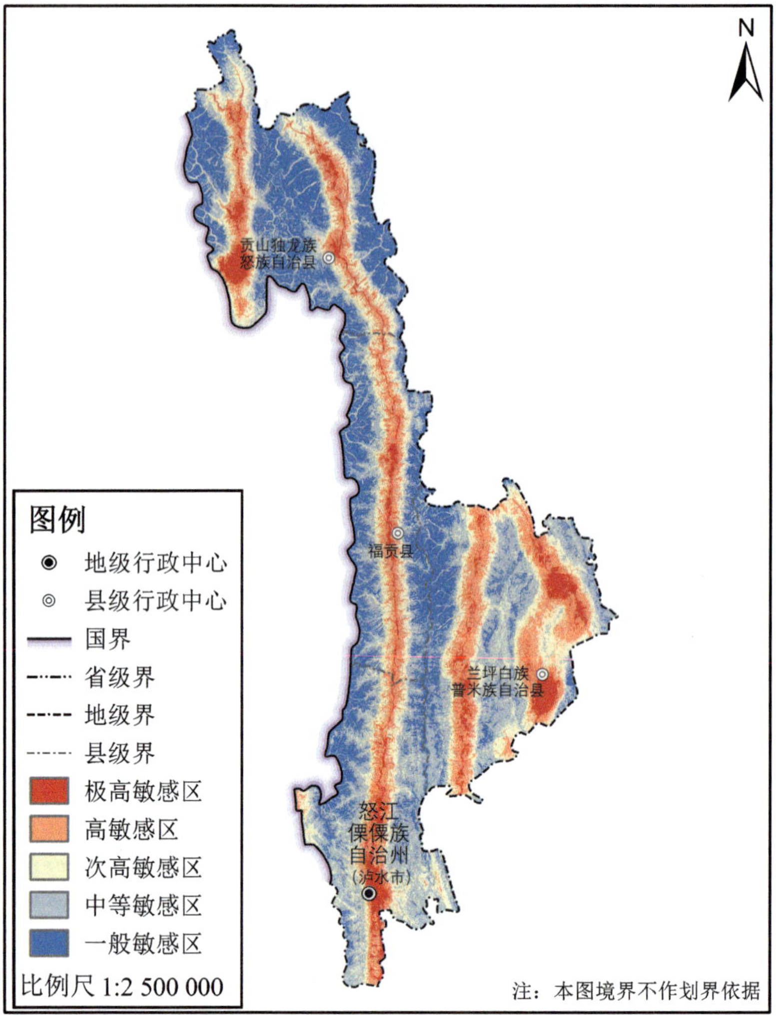

图4.3 怒江州暴雨灾害孕灾环境敏感性区划

贡山县中部偏北区域，一般敏感区主要位于贡山县北部、兰坪县北部区域（图4.5）。

（1）泸水市暴雨灾害风险区划

泸水市暴雨灾害风险区域主要包含极高风险区、高风险区、次高风险区。极高风险区域位于上江镇东部、六库镇西南部，高风险区位于六库镇、鲁掌镇、上江镇西部、片马镇、老窝镇西部、大兴地镇中部、称杆乡中部，次高风险区位于大兴地镇东部、古登乡、洛本卓白族乡、称杆乡中部和西部（图4.6）。

（2）福贡县暴雨灾害风险区划

福贡县暴雨灾害风险区域主要包含极高风险区、高风险区、次高风险区、中

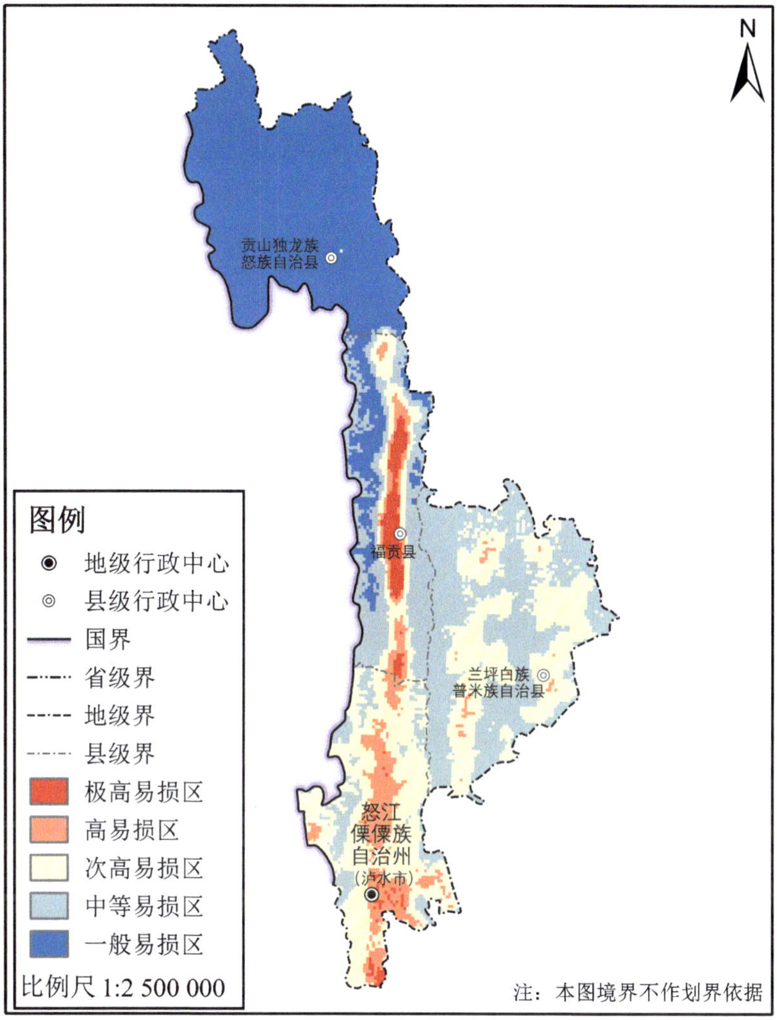

图 4.4　怒江州暴雨灾害承灾体易损性区划

等风险区和一般风险区。极高风险区域位于上帕镇中部、架科底乡中部、鹿马登乡中部，高风险区位于匹河怒族乡中部、子里甲乡、上帕镇西东部、鹿马登乡西部，次高风险区位于匹河怒族乡东部和西部、鹿马登乡西北部、石月亮乡中部、马吉乡中部，中等风险区位于马吉乡西部和东部、石月亮乡西部，一般风险区位于石月亮乡东北部、马吉乡西南部（图4.7）。

（3）贡山县暴雨灾害风险区划

贡山县暴雨灾害风险区域主要包含高风险区域、次高风险区、中等风险区和一般风险区。高风险区位于茨开镇中部、捧当乡西南部，次高风险区域位于独龙江乡南部、茨开镇西部和南部、普拉底乡中部、丙中洛镇东南部、捧当乡东南

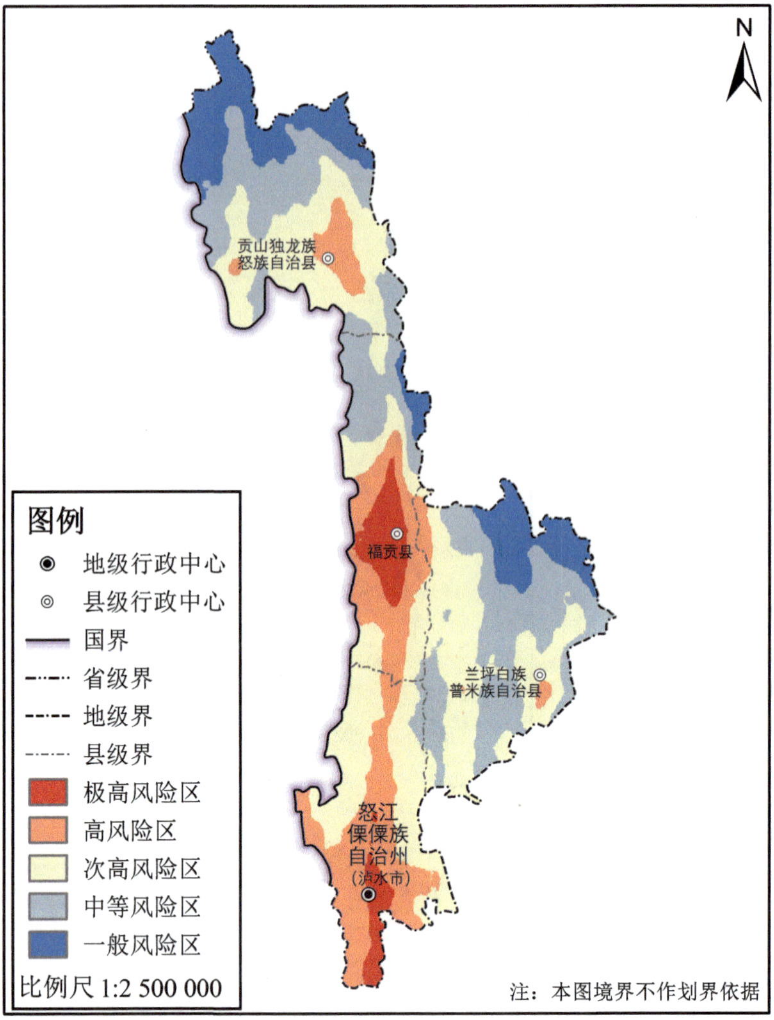

图 4.5 怒江州暴雨灾害风险区划

部,中等风险区位于丙中洛镇西南部、独龙江乡中部,一般风险区位于丙中洛镇北部、捧当乡北部、独龙江乡北部(图 4.8)。

(4)兰坪县暴雨灾害风险区划

兰坪县暴雨灾害风险区域主要包含高风险区、次高风险区、中等风险区和一般风险区。高风险区域位于金顶镇中部,次高风险区位于兔峨乡、啦井镇东部、营盘镇、中排乡西南部、石登乡西部、通甸镇中南部,中等风险区位于啦井镇、河西乡南部、通甸镇北部、中排乡中部,一般风险区位于河西乡北部、中排乡东部(图 4.9)。

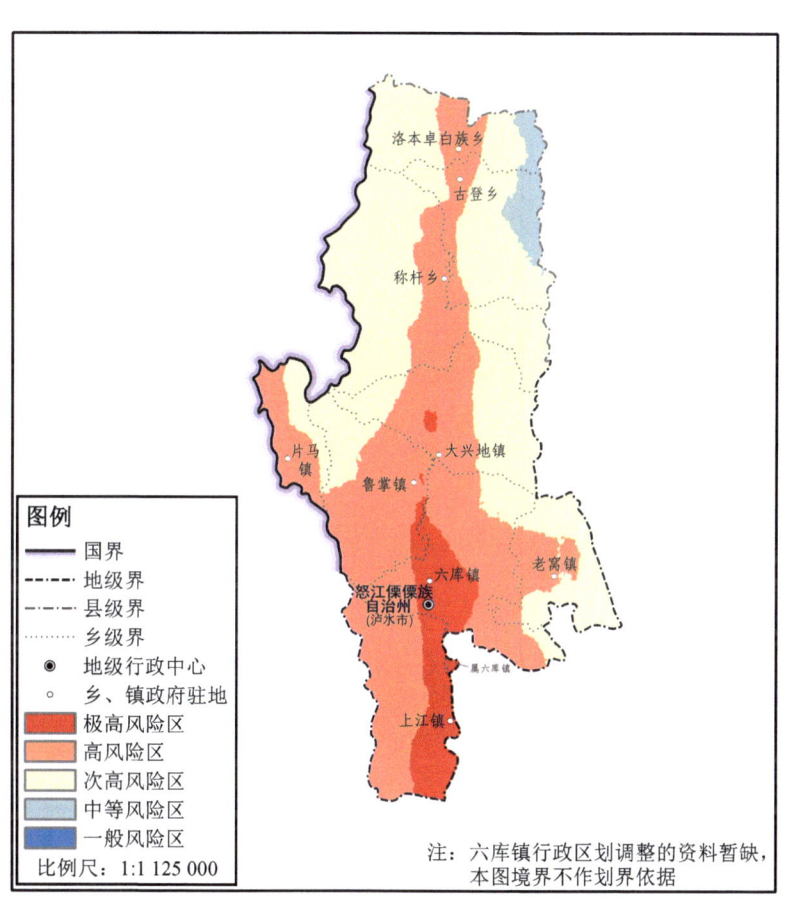

图 4.6 泸水市暴雨灾害风险区划

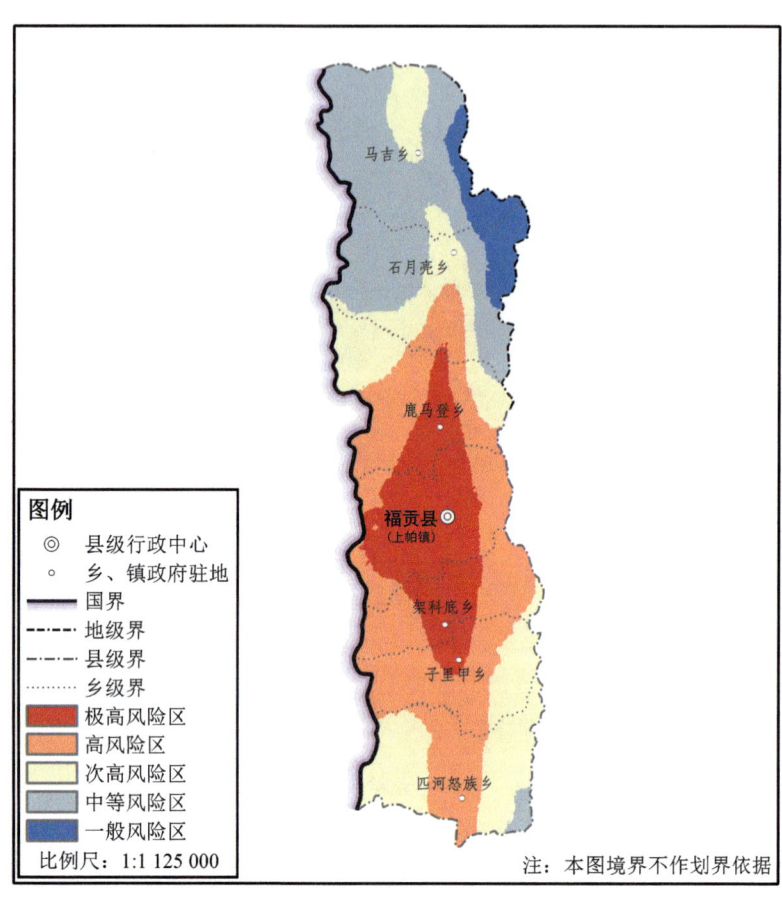

图 4.7 福贡县暴雨灾害风险区划

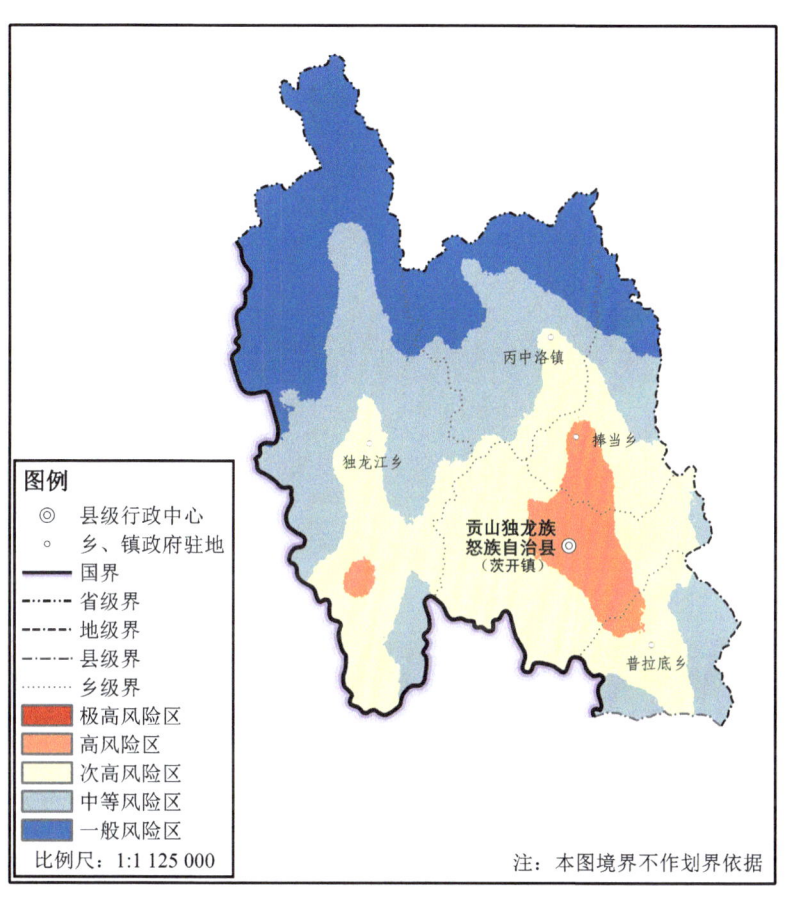

图 4.8 贡山县暴雨灾害风险区划

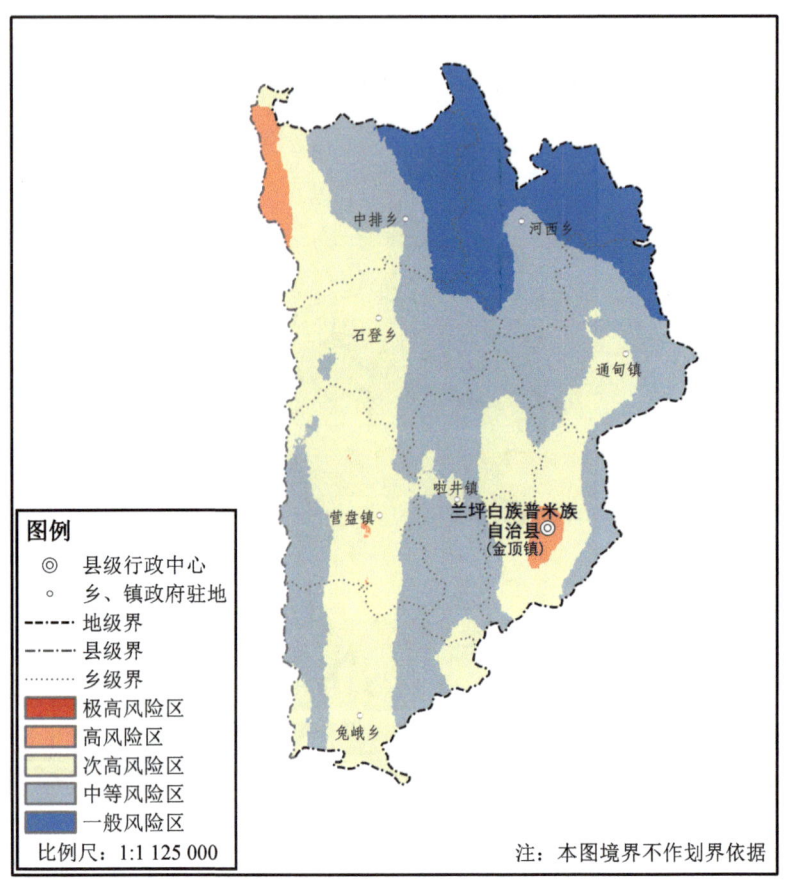

图 4.9 兰坪县暴雨灾害风险区划

4.1.6 区划结果检验

用各县（市）历年暴雨灾害次数分布与区划结果进行对比验证。提取暴雨灾害风险区划图层栅格数据，计算各县（市）风险平均值，与灾害次数作散点相关分析，相关系数 R 的平方为 0.17，通过 0.01 的显著性检验，说明暴雨灾害风险区划结果与历史暴雨灾害次数通过了极显著相关性检验，该暴雨灾害风险区划模型的建立是科学合理的（图 4.10）。

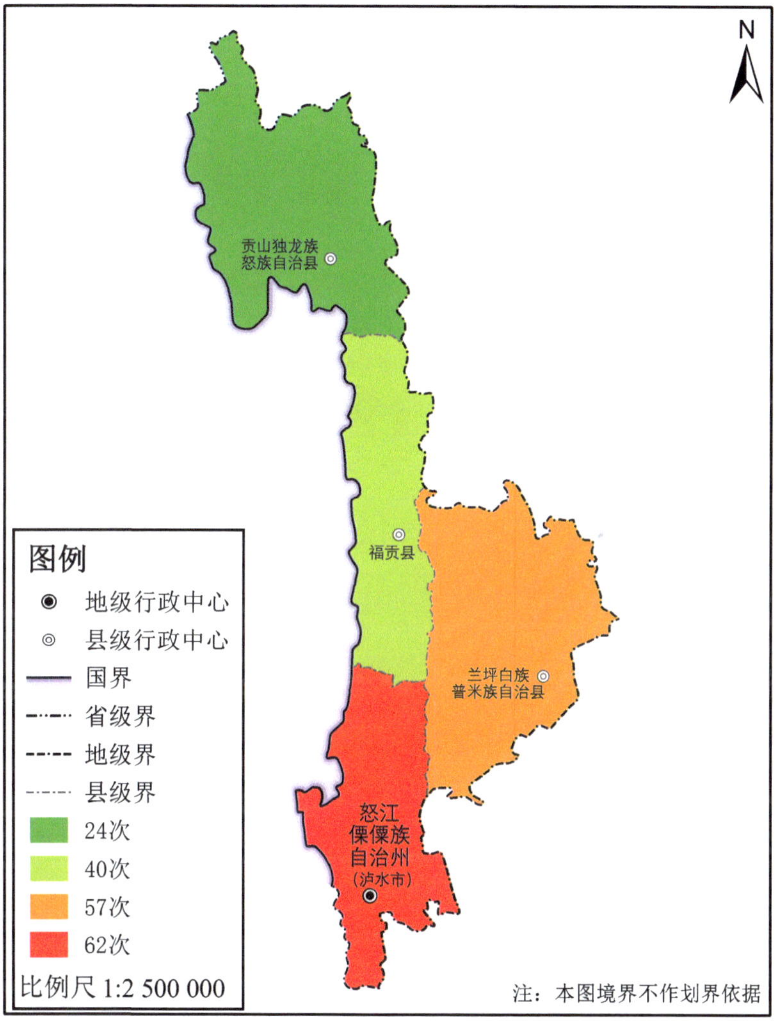
N
贡山独龙族
怒族自治县
福贡县
兰坪白族
普米族自治县
怒江
傈僳族
自治州
（泸水市）
图例
地级行政中心
县级行政中心
国界
省级界
地级界
县级界
24次
40次
57次
62次
比例尺 1:2 500 000
注：本图境界不作划界依据

(a) 暴雨灾害次数分布图

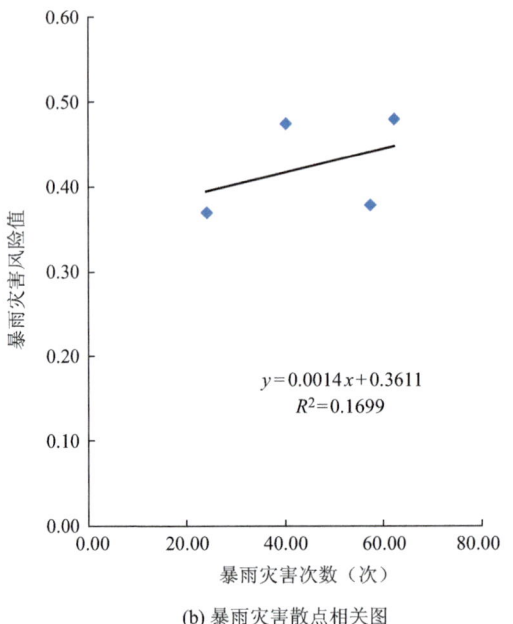

(b) 暴雨灾害散点相关图

图 4.10　怒江州暴雨灾害风险区划结果验证

4.2　干旱灾害风险区划

4.2.1　干旱灾害风险区划模型

干旱灾害风险区划模型如图 4.11 所示，用 6 个指标加权后的综合指数表征干旱灾害风险。

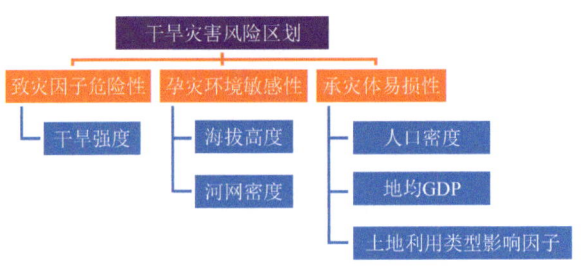

图 4.11　干旱灾害风险区划模型

4.2.2　致灾因子危险性评估与区划

干旱是指因水分的收与支或供与求不平衡而形成的持续的水分短缺现象。

这种水分的短缺可以表现为降水量的不足、土壤水分的缺乏或江河湖泊水位偏低等。从类型上，干旱可以分为气象干旱、农业干旱、水文干旱和社会经济干旱。

气象干旱指某时段内，由于蒸发量和降水量的收支不平衡，水分支出大于水分收入而造成的水分短缺现象。农业干旱指在作物生育期内，由于土壤水分持续不足而造成的作物体内水分亏缺，影响作物正常生长发育的现象。水文干旱是指由于降水的长期短缺而造成某段时间内，地表水或地下水收支不平衡，出现水分短缺，使江河流量、湖泊水位、水库蓄水等减少的现象。社会经济干旱是指由自然系统与人类社会经济系统中水资源供需不平衡造成的异常水分短缺现象。社会对水的需求通常分为工业需水、农业需水和生活与服务行业需水等。如果需大于供，就会发生社会经济干旱。

根据国家标准《气象干旱等级》，气象干旱可分为轻旱、中旱、重旱、特旱4个等级。采用干旱过程强度指数分别统计各个站点4个等级历年干旱过程次数，用熵值法计算不同等级干旱过程次数在表征干旱强度时所占权重，加权得到各个站点干旱过程强度指数。用反距离权重法进行插值，得到干旱灾害致灾因子危险性图层。

怒江州干旱灾害极高危险区主要位于兰坪县东部和东南部，高危险区包括泸水市南部、兰坪县中部和南部，次高危险区位于泸水市中部和东部、兰坪县西北部，中等危险区位于泸水市西部和西北部、福贡县南部，一般危险区主要位于福贡县北部、贡山县（图4.12）。

4.2.3 孕灾环境敏感性评估与区划

干旱灾害孕灾环境主要考虑地形、河网密度等因子对干旱灾害形成的综合影响。岗地、丘陵等区域容易发生旱灾，高山区不容易孕育旱灾，距离水体越远的区域越容易发生旱灾。海拔在3000 m以下区域，地势越高，距离水体越远，越容易孕育旱灾。海拔在3000 m以上区域基本是高山区，不容易引发旱灾。用90 m×90 m栅格提取海拔及河网密度数据，将3000 m以上高程数据赋值为0，用熵值法计算两个指标的权重分别为0.3、5、0.65，将两个指标值进行归一化处理后加权合成得到干旱孕灾环境敏感性图层。

怒江州干旱灾害极高敏感区主要位于泸水市南部和东南部、兰坪县中部、怒江流域向两边延伸区域，高敏感区和次高敏感区也主要位于河流区域向外延伸区域。中等敏感区主要位于河流沿岸区域。一般敏感区主要位于贡山县北部和南部（图4.13）。

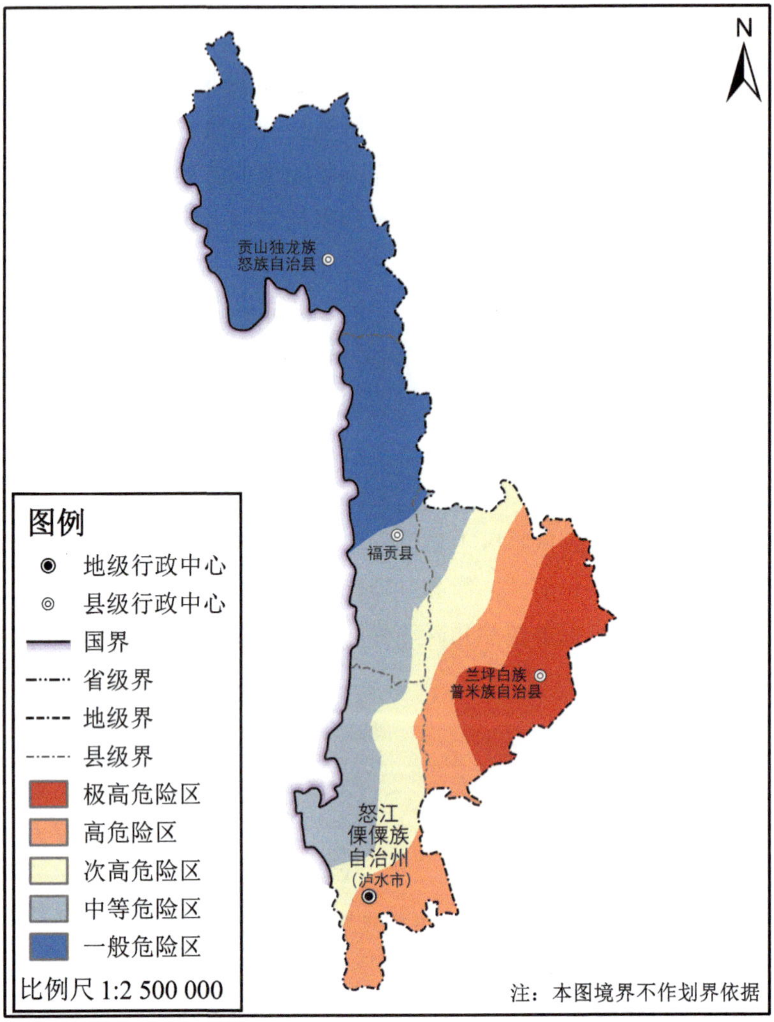

图 4.12 怒江州干旱灾害致灾因子危险性区划

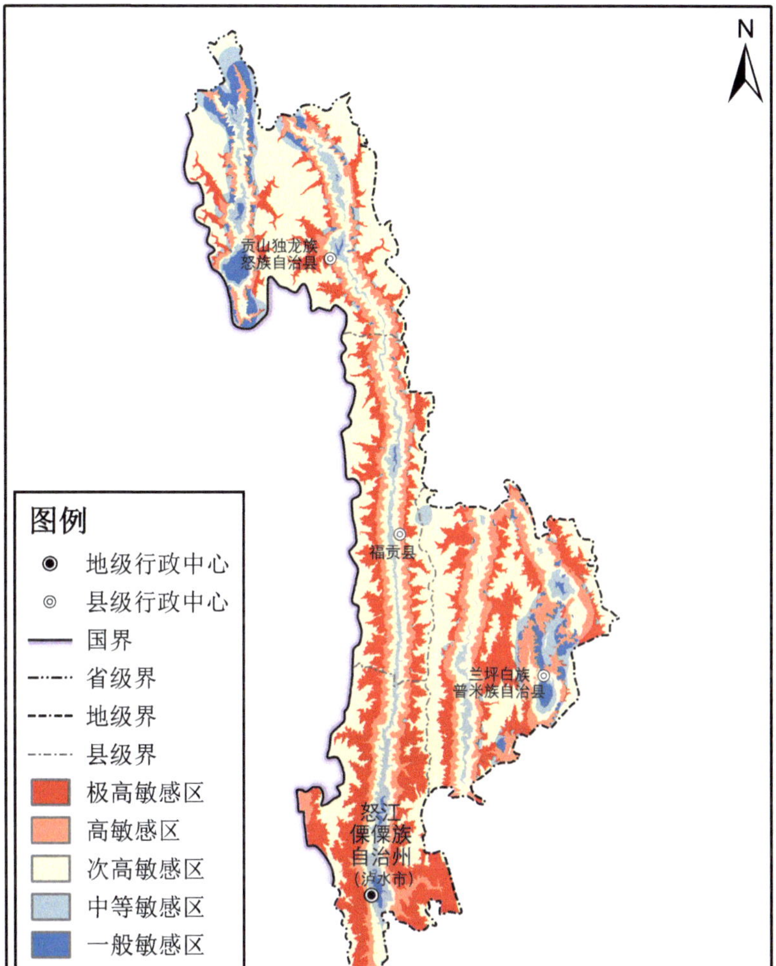

图 4.13 怒江州干旱灾害孕灾环境敏感性区划

4.2.4　承灾体易损性评估与区划

用怒江州人口密度、地均GDP、土地利用类型表征承灾体的易损性。前2个指标越大，发生干旱灾害造成损失的风险就越大。所用人口密度及地均GDP图层数据为中国科学院资源环境科学数据中心提供的全国范围2020精度为1 km×1 km的社会经济数据。土地利用类型数据来源为全国2020年的1∶100万土地利用数据中怒江州数据的提取。为了识别不同土地利用类型对干旱灾害承灾体易损性的影响，需对原始数据进行重新分类赋值，越容易遭遇干旱灾害的土地利用类型，赋值越大。

表4.1为各种类型因子的赋值。将重新赋值的栅格数据导入GIS，再按乡镇边界对数据进行提取，用各乡镇土地利用类型的栅格数据累加之和作为土地利用类型影响因子，归一化后与其他2个指标共同表征干旱灾害承灾体易损性。用层次分析法计算该3个指标在表征承灾体易损性时的权重，将3个指标值进行归一化处理后加权合成承灾体易损性综合指标图层。

表4.1　干旱灾害土地利用类型赋值

土地类型	编号	说明	赋值
耕地	11	水田	10
	12	旱地	10
林地	21	有林地	3
	22	灌木林	3
	23	疏林地	3
草地	31	高覆盖度草地	5
	32	中覆盖度草地	5
	33	低覆盖度草地	5
水域	41	河渠	0
	42	湖泊	0
	43	水库坑塘	0
	46	滩地	0
城乡	51	城镇用地	5
	52	农村居民点	10
	53	其他建设用地	3

怒江州干旱灾害极高易损区主要位于泸水市南部怒江流域沿岸区域、兰坪县澜沧江及沘江沿岸区域，高易损区包括泸水市西部及北部小部分区域，次高易损区位于兰坪县西部、福贡县内怒江流域沿岸区域、贡山县中部和西部区域，中等易损区位于兰坪县中部和东部、福贡县北部、泸水市西南部，一般易损区主要位于贡山县东部和南部大部分区域（图4.14）。

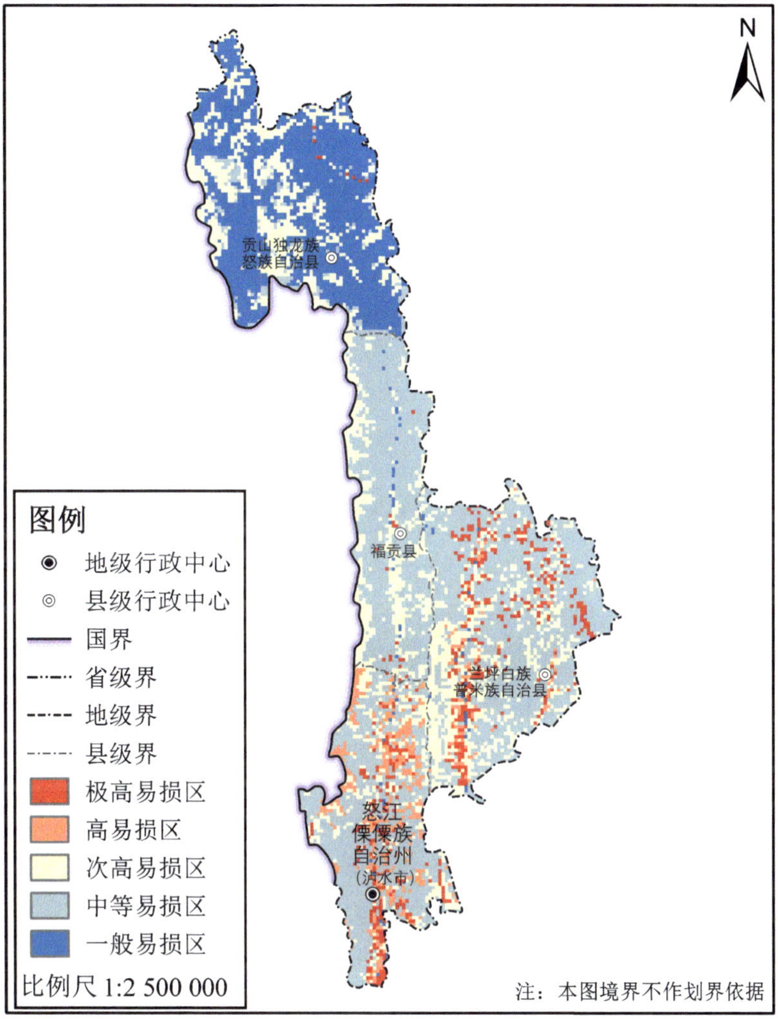

图4.14 怒江州干旱灾害承灾体易损性区划

4.2.5 干旱灾害风险区划

应用层次分析法计算干旱致灾因子综合指标图层、孕灾环境综合指标图层和承灾体易损性综合指标图层的权重分别为 0.5、0.3、0.2。用 ArcGIS 中的栅格计算器将 3 个图层按各自权重进行叠加，得出干旱灾害综合风险区划图。

怒江州干旱灾害极高风险区主要位于泸水市南部和东南部、兰坪县东部和南部，高风险区包括泸水市东部和西部、兰坪县北部，次高风险区位于兰坪县西北部、泸水市中部、福贡县南部，中等风险区位于福贡县北部、贡山县西北部，一般风险区主要位于福贡县中部、贡山县中部和南部大部分区域（图 4.15）。

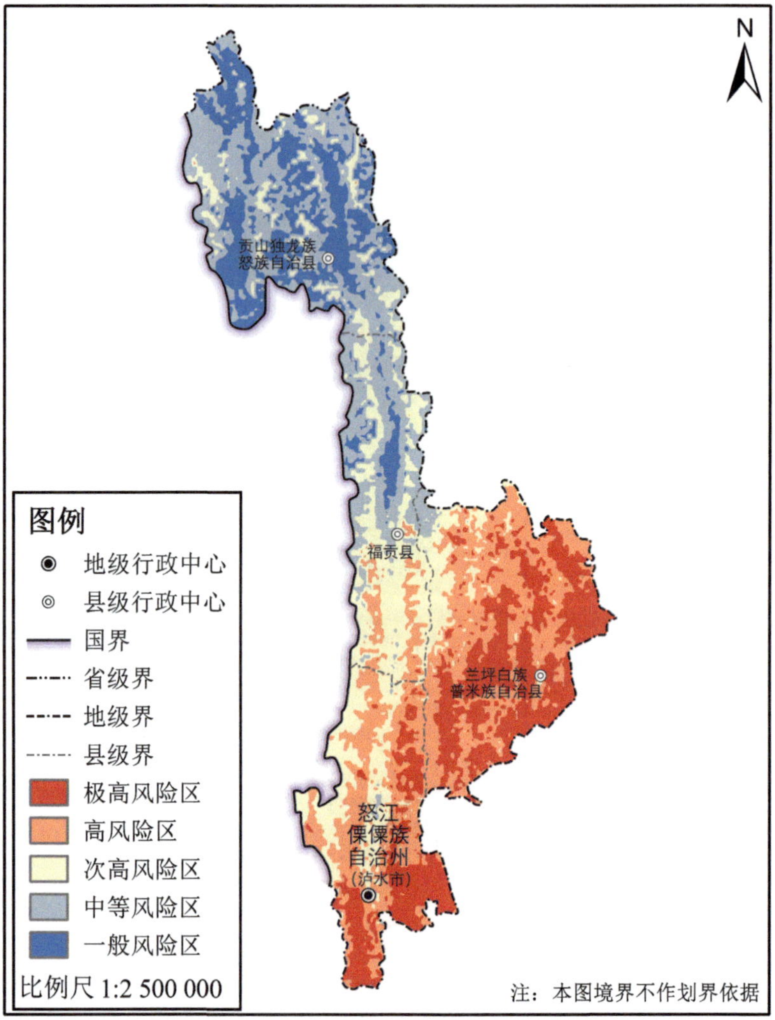

图 4.15　怒江州干旱灾害风险区划

（1）泸水市干旱灾害风险区划

泸水市干旱灾害风险区域主要包含极高风险区、高风险区、次高风险区。极高风险区主要位于上江镇、老窝镇、六库镇东部和南部、古登乡中部、称杆乡东部。高风险区主要位于鲁掌镇、片马镇、大兴地镇东部、六库镇西南部、称杆乡中部。次高风险区域位于大兴地镇中部、称杆乡西部、洛本卓白族乡等区域（图4.16）。

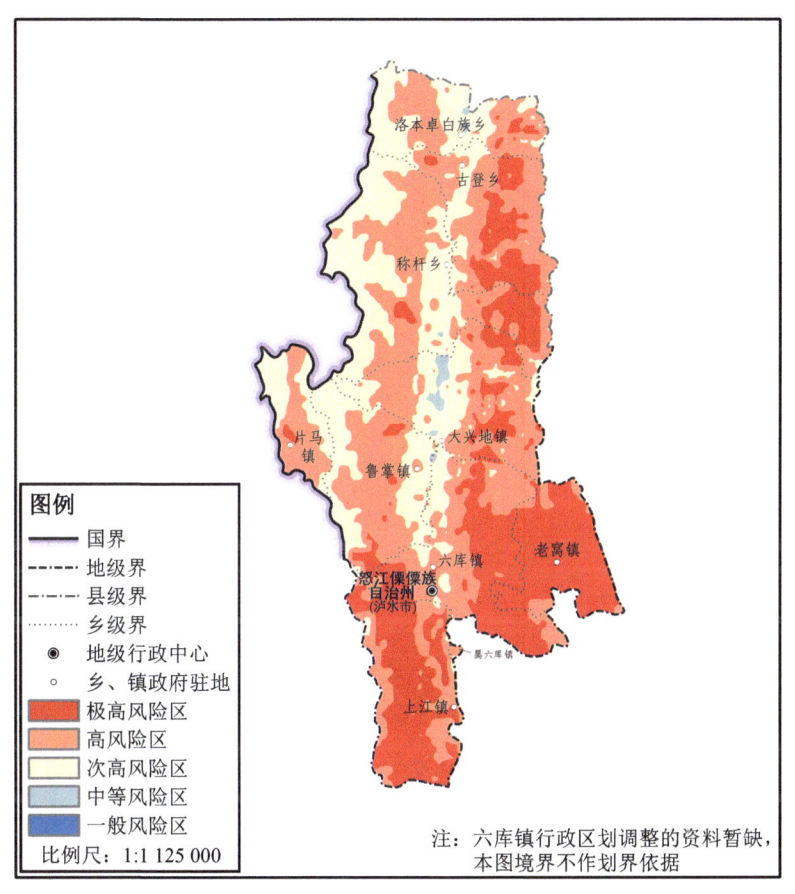

图4.16 泸水市干旱灾害风险区划

（2）福贡县干旱灾害风险区划

福贡县干旱灾害风险区域主要包含高风险区、次高风险区、中等风险区和一般风险区。高风险区主要位于匹河怒族乡西部和东部、子里甲乡西部和东部，次高风险区域位于匹河怒族乡中部、子里甲乡中部、架科底乡、上帕镇，中等风险区位于上帕镇中部、马吉乡、石月亮乡西部，一般风险区位于鹿马登乡中部、石月亮乡中部（图4.17）。

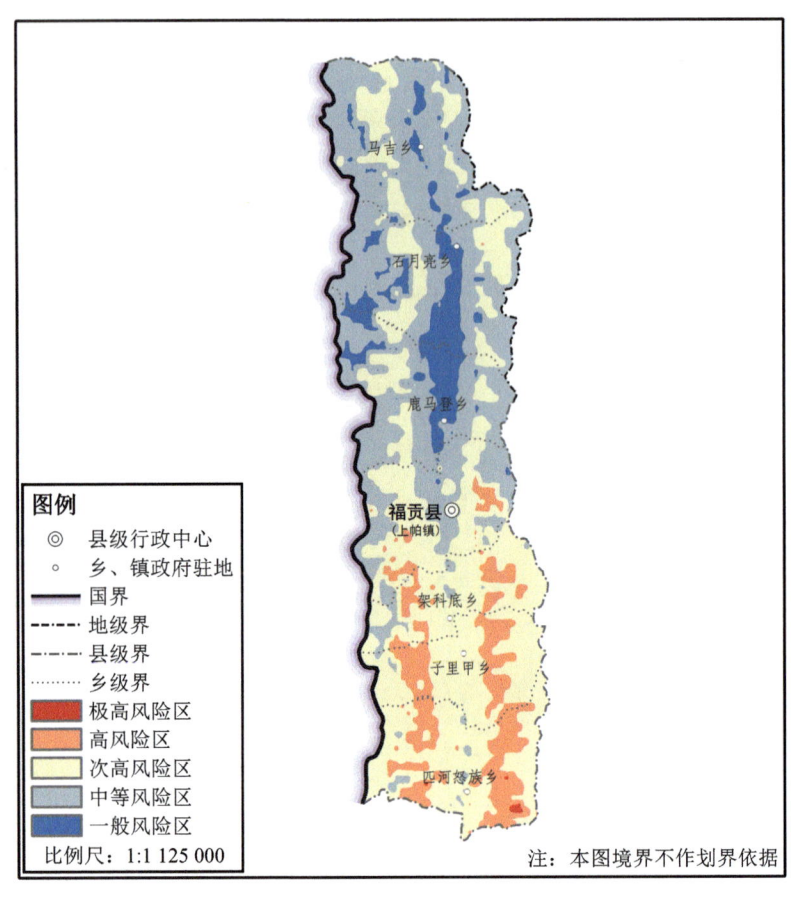

图 4.17　福贡县干旱灾害风险区划

(3) 贡山县干旱灾害风险区划

贡山县干旱灾害风险区域主要包含次高风险区、中等风险区和一般风险区。次高风险区域位于独龙江乡西部和东部小部分区域、捧当乡中部小部分区域、普拉底乡东部小部分区域，中等风险区位于独龙江乡西北部、丙中洛镇东北部、普拉底乡中部，一般风险区位于独龙江乡北部和南部、茨开镇西部和中部、丙中洛镇南部、捧当乡南部等区域（图 4.18）。

(4) 兰坪县干旱灾害风险区划

兰坪县干旱灾害风险区域主要包含极高风险区、高风险区、次高风险区。极高风险区主要位于兔峨乡、金顶镇、通甸镇、啦井镇、河西乡中部、营盘镇东南部，高风险区主要位于河西乡东部和西北部、中排乡、石登乡中部。次高风险区域位于石登乡西部、中排乡西部等区域（图 4.19）。

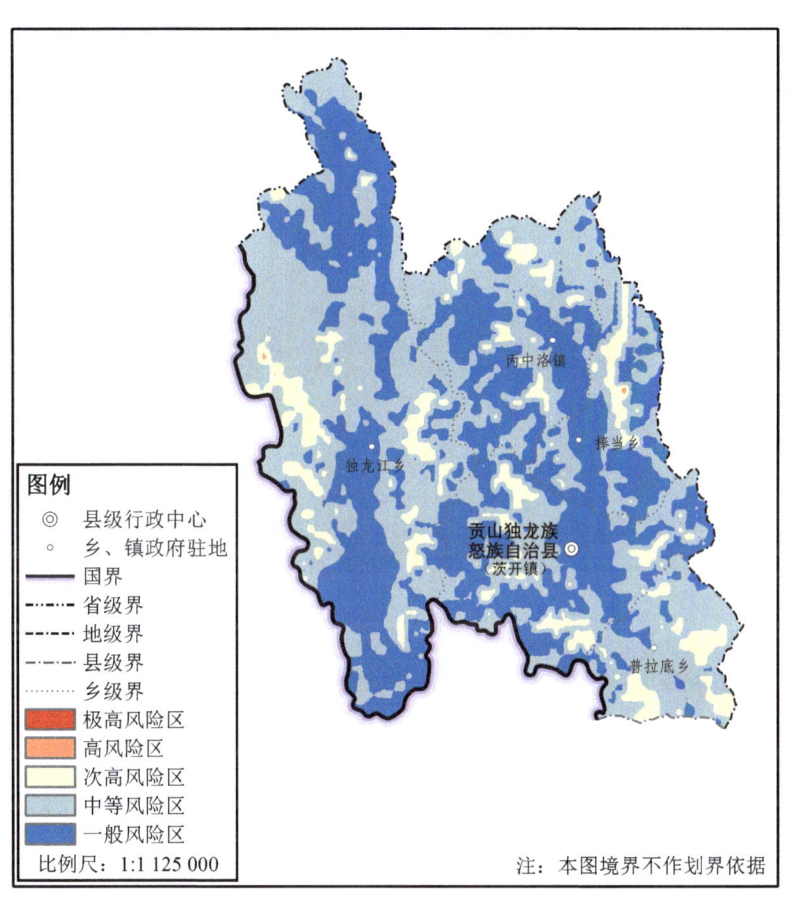

图 4.18 贡山县干旱灾害风险区划

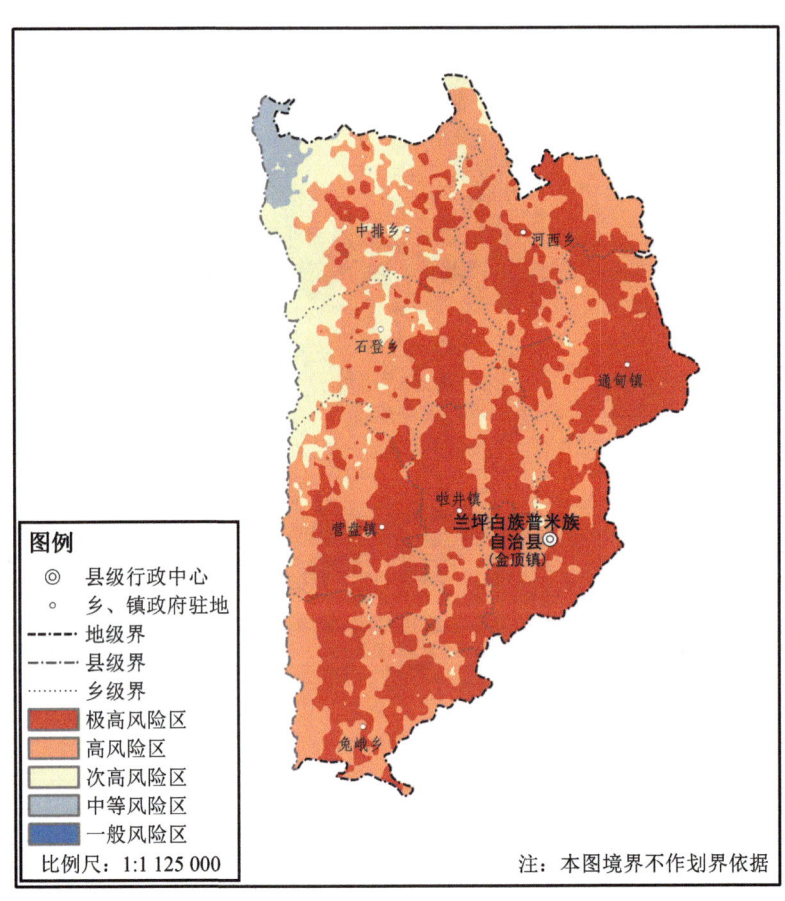

图 4.19 兰坪县干旱灾害风险区划

4.2.6 区划结果检验

用各区域历年干旱灾害次数分布与区划结果进行对比验证。提取干旱灾害风险区划图层栅格数据，计算各县（市）风险平均值，把各区域干旱灾害次数与干旱灾害风险区划值作散点相关分析，相关系数 R 的平方为 0.77，通过 0.01 的显著性检验，说明干旱灾害风险区划结果与历史干旱次数通过了极显著相关性检验，该干旱灾害风险区划模型的建立是科学合理的（图 4.20）。

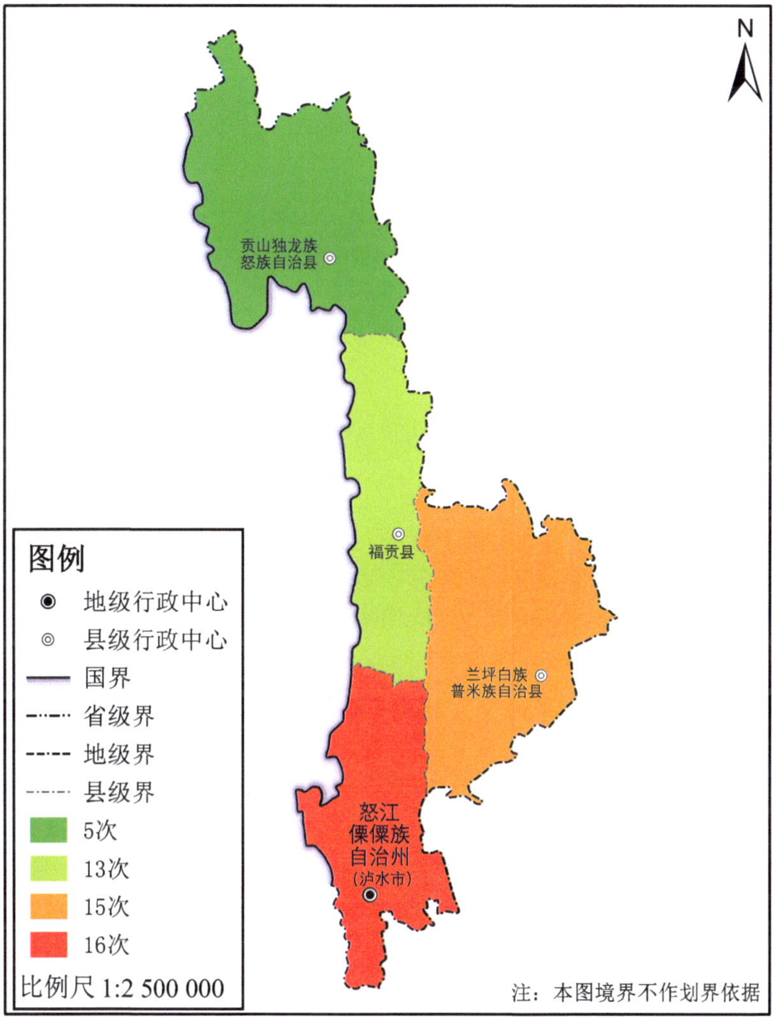

(a) 干旱灾害次数分布图

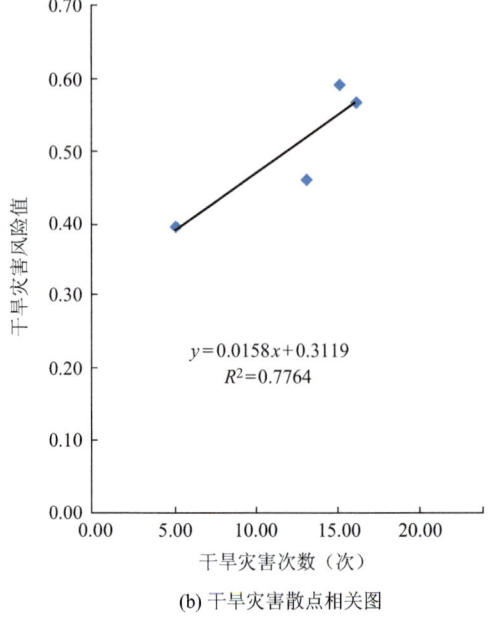

(b) 干旱灾害散点相关图

图 4.20　怒江州干旱灾害风险区划结果验证

4.3　高温灾害风险区划

4.3.1　高温灾害风险区划模型

高温灾害风险区划模型如图 4.21 所示，用 8 个指标加权后的综合指数表征高温灾害风险。

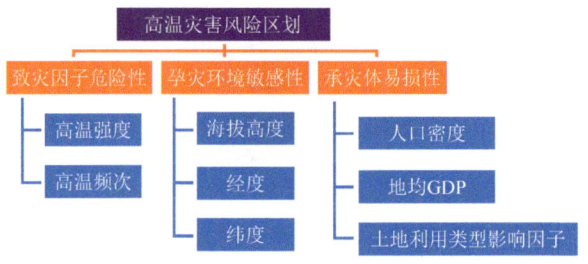

图 4.21　高温灾害风险区划模型

4.3.2 致灾因子危险性评估与区划

高温灾害的危害程度通常与气温高低和持续时间长短有密切联系。用高温强度指数来表征高温强度。一次高温过程是指连续 2 d 以上日最高气温 ≥ 35℃的连续过程。统计怒江州辖区内自动站历年日温度变化资料，筛选出符合条件的高温过程，统计每个高温过程的极端最高温度、平均最高温度以及持续时间。用这 3 个指标表征高温强度。用熵值法计算 3 个指标的权重分别为 0.12、0.13、0.75，将 3 个指标值进行归一化处理后加权合成，得到每个站点的高温强度，再将站点高温强度值用反距离权重法进行插值，生成高温强度图层。用统计的各个站点高温过程数生成高温频次图层。再用熵值法计算高温强度和高温频次的权重分别为 0.4 和 0.6，再用栅格计算器按权重进行两个图层的叠加，得到高温灾害致灾因子危险性图层。

怒江州高温灾害极高危险区主要位于泸水市南部，高危险区包括泸水市中部和北部、福贡县南部，次高危险区位于兰坪县西部、福贡县南部、贡山县北部，中等危险区位于兰坪县中部、福贡县北部、贡山县中部和南部，一般危险区主要位于兰坪县东部（图 4.22）。

4.3.3 孕灾环境敏感性评估与区划

运用致灾因子与孕灾环境相关回归分析法得到孕灾环境敏感性图层。将统计的各站点高温频次与海拔、经纬度、坡度分别进行相关分析，建立回归模型。如果所有样本值均在 95% 置信限预测区间内，拟合优度达到 0.8 以上，拟合模型参数估计显示 F 检验的 P 值小于 0.001，则判断模型有显著意义。通过函数关系运用站点海拔、经纬度、坡度值进行内插，得到孕灾环境敏感性图层。在相关性分析过程中，预选的海拔、经纬度、坡度指标中如有相关性较弱的，将被剔除，只保留通过样本检验的指标。根据站点低温频次与站点海拔高度、经度、纬度的散点图分布，推测回归模型为：

$$y=a_0+a_1h+a_2j+a_3w+a_4p$$

其中，h 为海拔高度，j 为经度，w 为纬度，p 为坡度。调用 SAS 中 REG 过程，用逐步筛选法 STEPWISE 选择最佳回归模型，并对模型进行诊断。

将各站点高温频次、经度、纬度、海拔、坡度数据代入模型，因截距项 a_0 对应的 T 检验 P 值不满足小于 0.001，即不拒绝"该回归方程截距为 0"的原假设，因此拟合去掉截距项 a_0。通过方差分析表和参数估计显示，拟合模型参数估计显示 F 检验的 P 值小于 0.001，判断模型有显著意义。

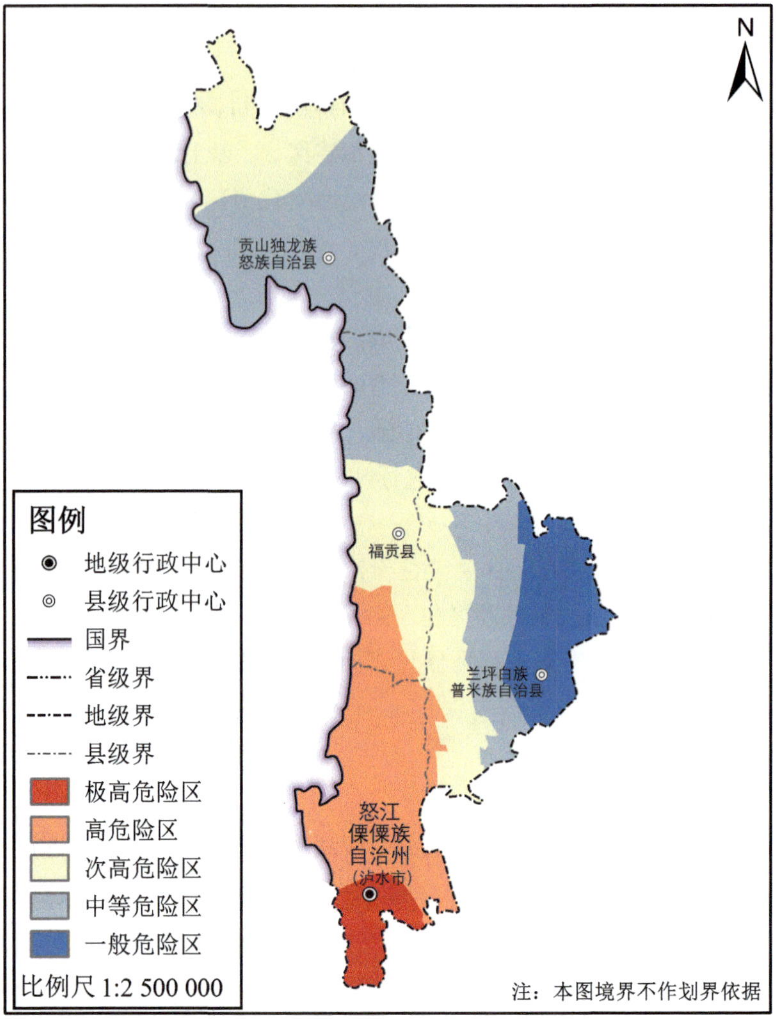

图 4.22　怒江州高温灾害致灾因子危险性区划

模型残差满足误差项随机，且近似为正态分布的原假设，模型拟合优度为 0.8133，进一步说明模型假设显著成立（图 4.23）。从而得出孕灾环境敏感性的关系式为：

$$y=-0.05975h-20.1044w+6.669j$$

将 GIS 中提取的怒江州 DEM 数据代入模型计算得出怒江州高温分布的拟合值，用其表征高温灾害孕灾敏感性。怒江州高温灾害孕灾高敏感区分布广泛，随海拔变化趋势明显。怒江州高温灾害极高敏感区主要位于泸水市南部和东南部、怒江

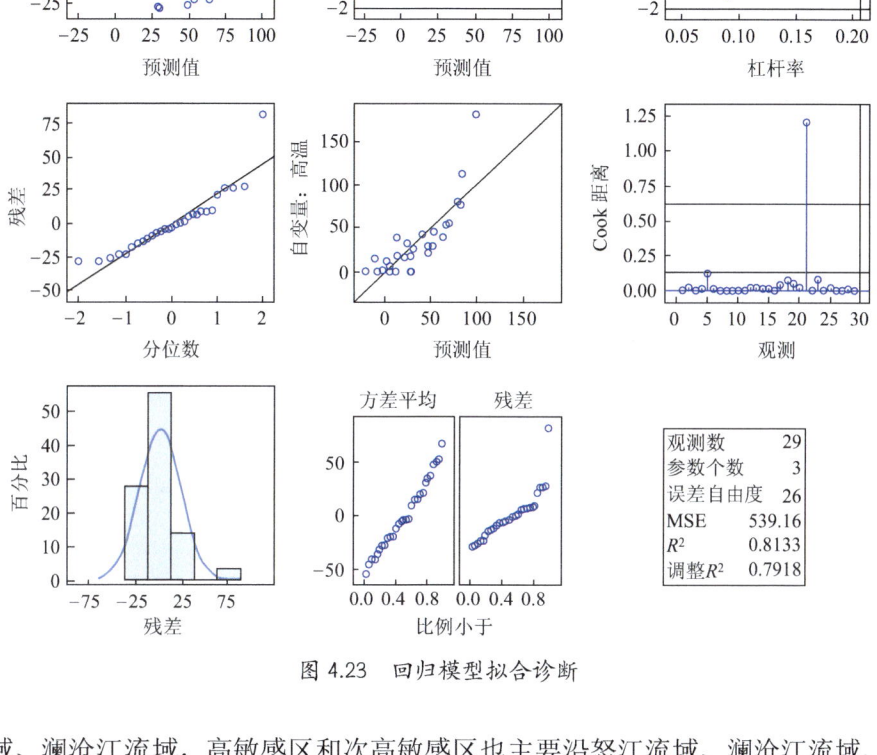

图 4.23 回归模型拟合诊断

流域、澜沧江流域，高敏感区和次高敏感区也主要沿怒江流域、澜沧江流域、独龙江流域向外延伸区域。中等敏感区主要位于兰坪县东部和东南部。一般敏感区主要位于贡山县中部和北部（图 4.24）。

4.3.4 承灾体易损性评估与区划

用怒江州人口密度、地均 GDP、土地利用类型表征承灾体的易损性。前 2 个指标越大，发生高温灾害造成损失的风险就越大。所用人口密度及地均 GDP 图层数据为中国科学院资源环境科学数据中心提供的全国范围 2020 精度为 1 km×1 km 的社会经济数据。

土地利用类型数据来源为全国 2020 年的 1∶100 万土地利用数据中怒江州数据的提取。为了识别不同土地利用类型对高温灾害承灾体易损性的影响，需对原始数据进行重新分类赋值，越容易遭遇高温灾害的土地利用类型，赋值越大。

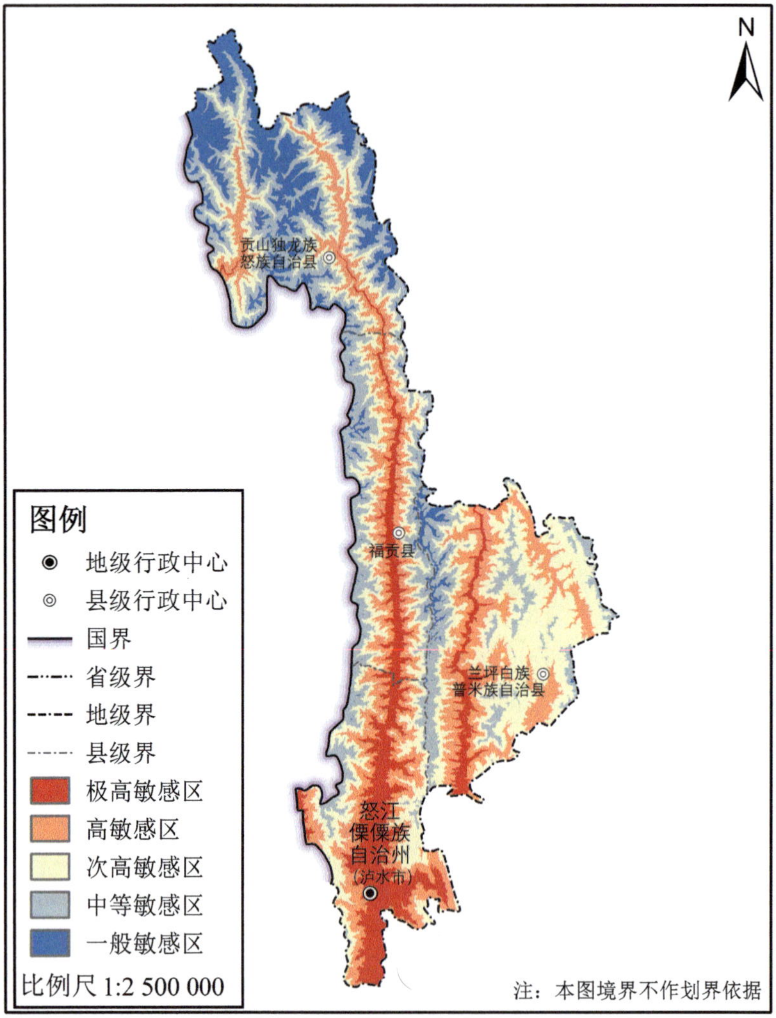

图 4.24 怒江州高温灾害孕灾环境敏感性区划

表 4.2 为各种类型因子的赋值。将重新赋值的栅格数据导入 GIS，再按乡镇边界对数据进行提取，用各乡镇土地利用类型的栅格数据累加之和作为土地利用类型影响因子，归一化后与其他 2 个指标共同表征高温灾害承灾体易损性。用层次分析法计算该 3 个指标在表征承灾体易损性时的权重，将 3 个指标值进行归一化处理后加权合成承灾体易损性综合指标图层。

怒江州高温灾害极高易损区主要位于泸水市中部和西南部、兰坪县澜沧江流域和沘江流域沿线，高易损区主要位于泸水市南部区域，次高易损区位于兰坪县中部、泸水市北部、福贡县大部分区域，中等易损区位于福贡县北部、贡山县大部分区域，一般易损区主要位于贡山县中部和西部小部分区域（图 4.25）。

表4.2 高温灾害土地利用类型赋值

土地类型	编号	说明	赋值
耕地	11	水田	10
	12	旱地	10
林地	21	有林地	1
	22	灌木林	1
	23	疏林地	1
	24	其他林地	1
草地	31	高覆盖度草地	0.5
	32	中覆盖度草地	0.5
	33	低覆盖度草地	0.5
水域	42	湖泊	0.1
	43	水库坑塘	0.1
	44	永久性冰川雪地	0.1
	46	滩地	0.1
城乡	51	城镇用地	5
	52	农村居民点	5
	53	其他建设用地	5
其他	66	裸岩石质地	0.1

4.3.5 高温灾害风险区划

应用层次分析法计算高温致灾因子综合指标图层、孕灾环境综合指标图层和承灾体易损性综合指标图层的权重分别为0.5、0.25、0.25。用ArcGIS中的栅格计算器将3个图层按各自权重进行叠加，得出高温灾害综合风险区划图。

怒江州高温灾害极高风险区主要位于泸水市中部和南部、兰坪县西南部，高风险区主要位于福贡县南部和中部，次高风险区位于福贡县北部、贡山县独龙江流域周边区域，中等风险区位于兰坪县中部、贡山县内怒江流域周边，一般风险区主要位于兰坪县东部、贡山县中部和西北部区域（图4.26）。

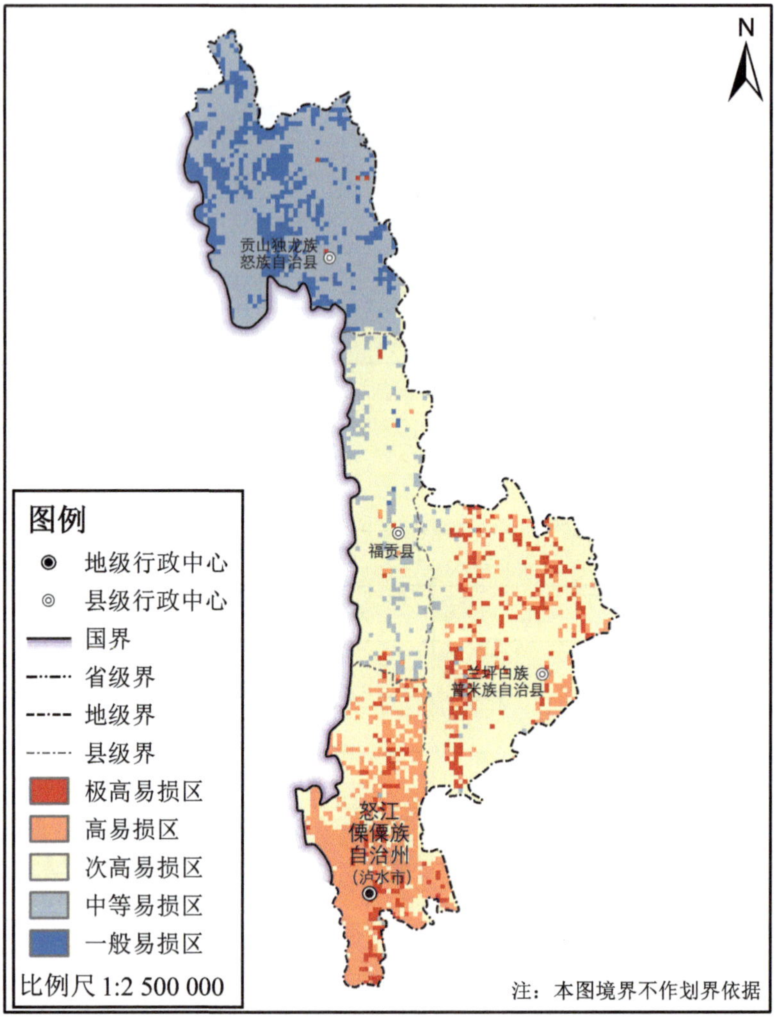

图 4.25 怒江州高温灾害承灾体易损性区划

（1）泸水市高温灾害风险区划

泸水市高温灾害风险区域主要包含极高风险区、高风险区、次高风险区。极高风险区位于上江镇、六库镇、老窝镇、鲁掌镇东部、大兴地镇中部、称杆乡中部和东部、古登乡西部、洛本卓白族乡中部，高风险区位于鲁掌镇西部、大兴地镇东部、古登乡中部偏东区域、片马镇，次高风险区位于洛本卓白族乡西部、称杆乡西部等区域（图4.27）。

（2）福贡县高温灾害风险区划

福贡县高温灾害风险区域主要包含高风险区、次高风险区、中等风险区和一般风险区。高风险区域位于匹河怒族乡中部、子里甲乡中部、上帕镇中部、架科底乡

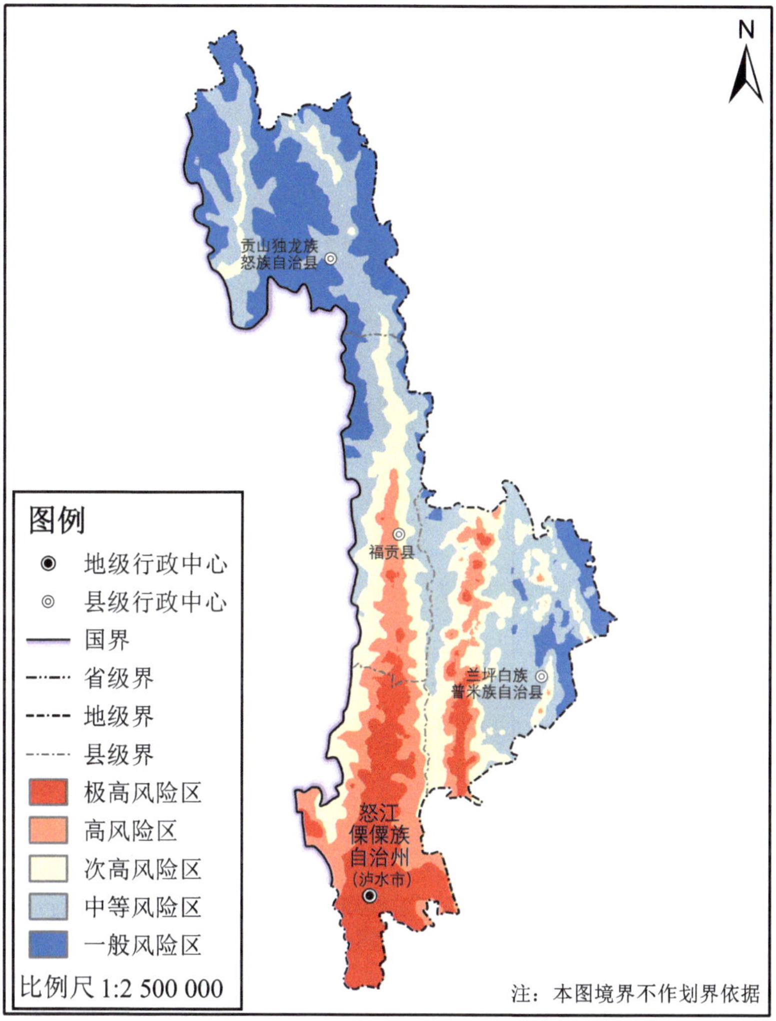

图 4.26 怒江州高温灾害风险区划

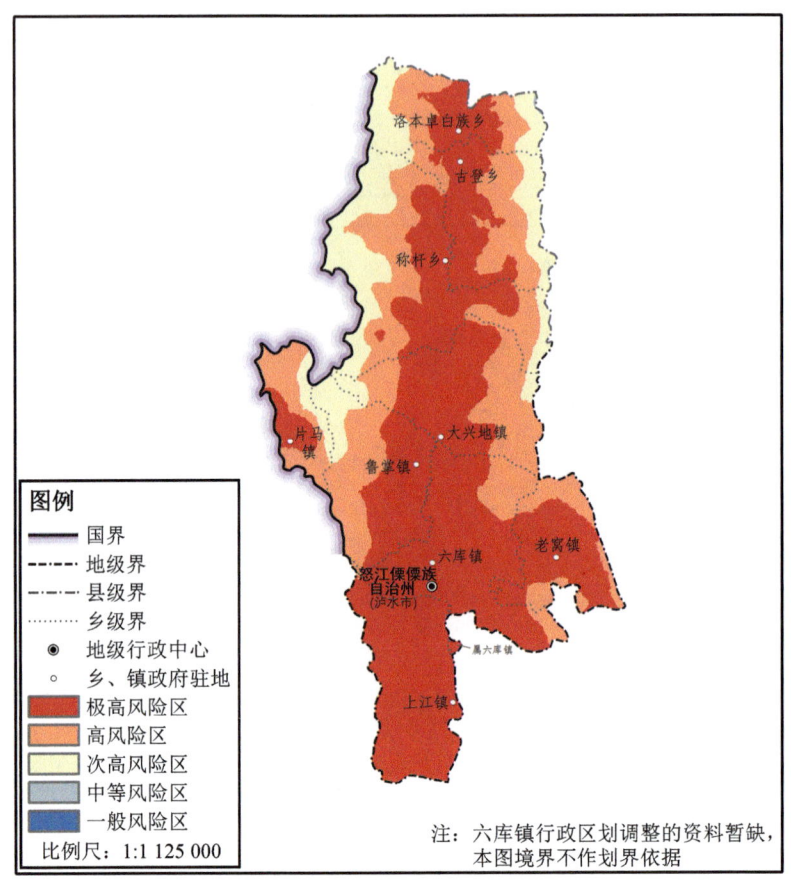

图 4.27 泸水市高温灾害风险区划

中部、鹿马登乡中部,次高风险区位于匹河怒族乡西部和东部、子里甲乡西部和东部、架科底乡东部和西部、上帕镇西部、鹿马登乡中部偏西、石月亮乡中部、马吉乡中部,中等风险区位于鹿马登乡西北部和东部、石月亮乡中部偏西、马集乡中部偏西和东部等区域,一般风险区位于石月亮乡西部、马吉乡西部等区域(图 4.28)。

(3)贡山县高温灾害风险区划

贡山县高温灾害风险区域主要包含次高风险区、中等风险区和一般风险区。次高风险区域位于独龙江乡中部、丙中洛镇中部小部分区域,中等风险区位于丙中洛镇中部偏东和中部偏西区域、捧当乡西南部、茨开镇中部、普拉底乡、独龙江乡北部和南部,一般风险区位于独龙江乡西部、丙中洛镇西南部、茨开镇西部和东部等区域(图 4.29)。

(4)兰坪县高温灾害风险区划

兰坪县高温灾害风险区域包含极高风险区、高风险区、次高风险区、中等风

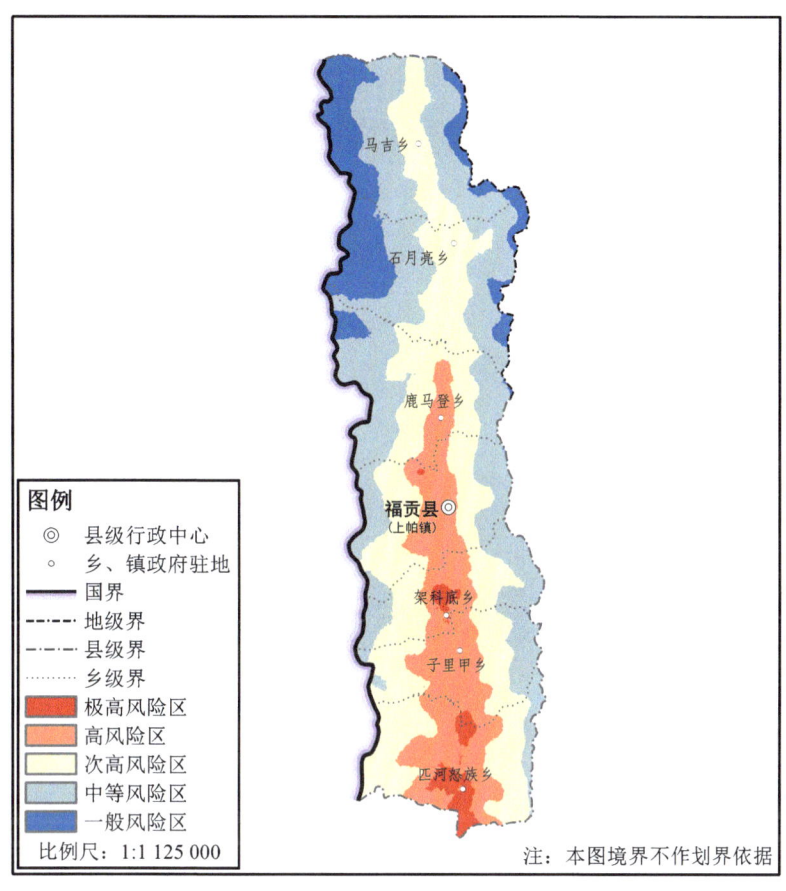

图 4.28 福贡县高温灾害风险区划

险区和一般风险区。极高风险区位于兔峨乡中部、营盘镇中部，高风险区域位于石登乡中部、中排乡中部，次高风险区位于兔峨乡西部和东部、营盘镇西南部、石登乡西部、中排乡北部、河西乡中部，中等风险区位于啦井镇、金顶镇西部、通甸镇北部、中排乡西部等区域，一般风险区位于金顶镇东部、通甸镇东部、河西乡东部等区域（图 4.30）。

4.3.6 区划结果检验

用各区域历年高温日数分布与区划结果进行对比验证。提取高温灾害风险区划图层栅格数据，计算各县（市）风险平均值，把各区域高温日数与高温灾害风险区划值作散点相关分析，相关系数 R 的平方为 0.78，通过 0.01 的显著性检验，说明高温灾害风险区划结果与历史高温日数相关性通过了极显著相关性检验，该高温灾害风险区划模型的建立是科学合理的（图 4.31）。

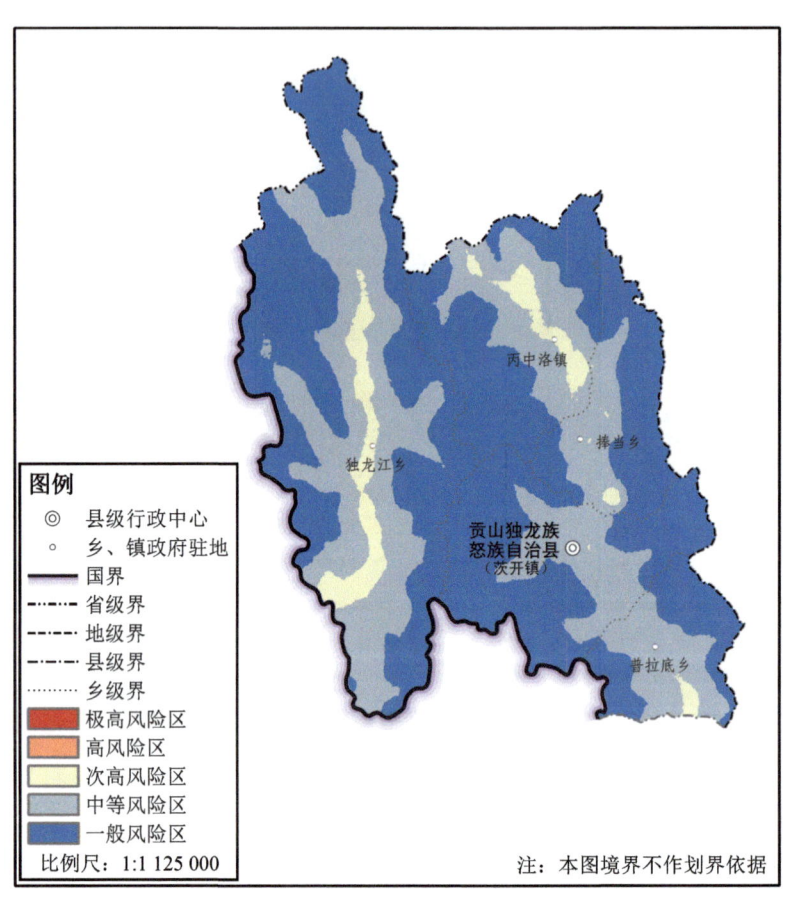

图 4.29　贡山县高温灾害风险区划

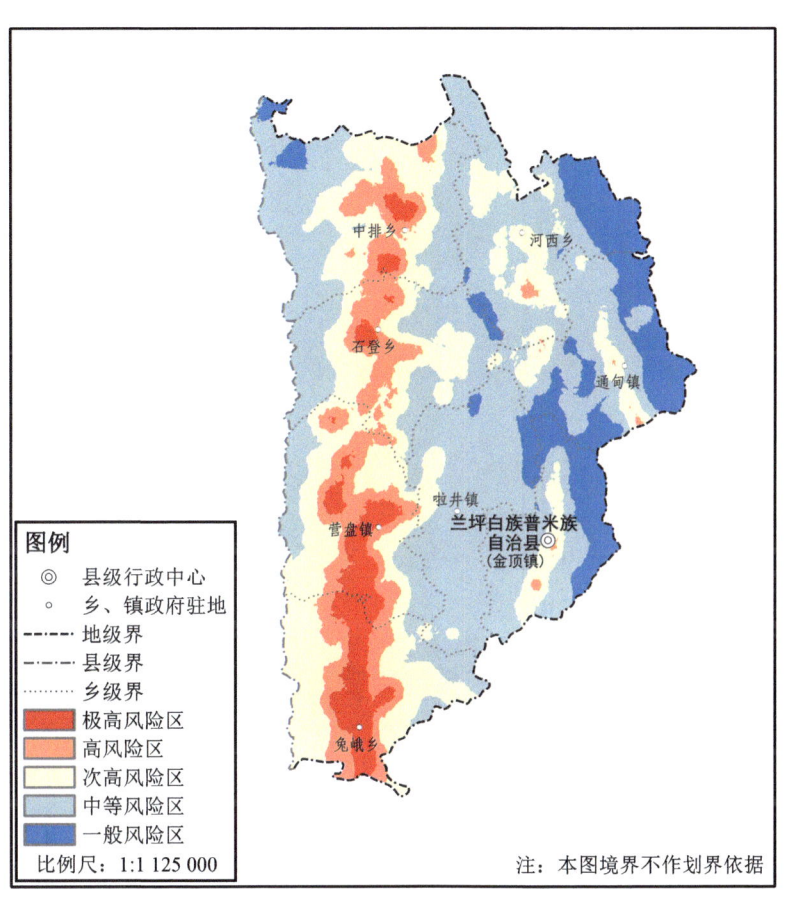

图 4.30　兰坪县高温灾害风险区划

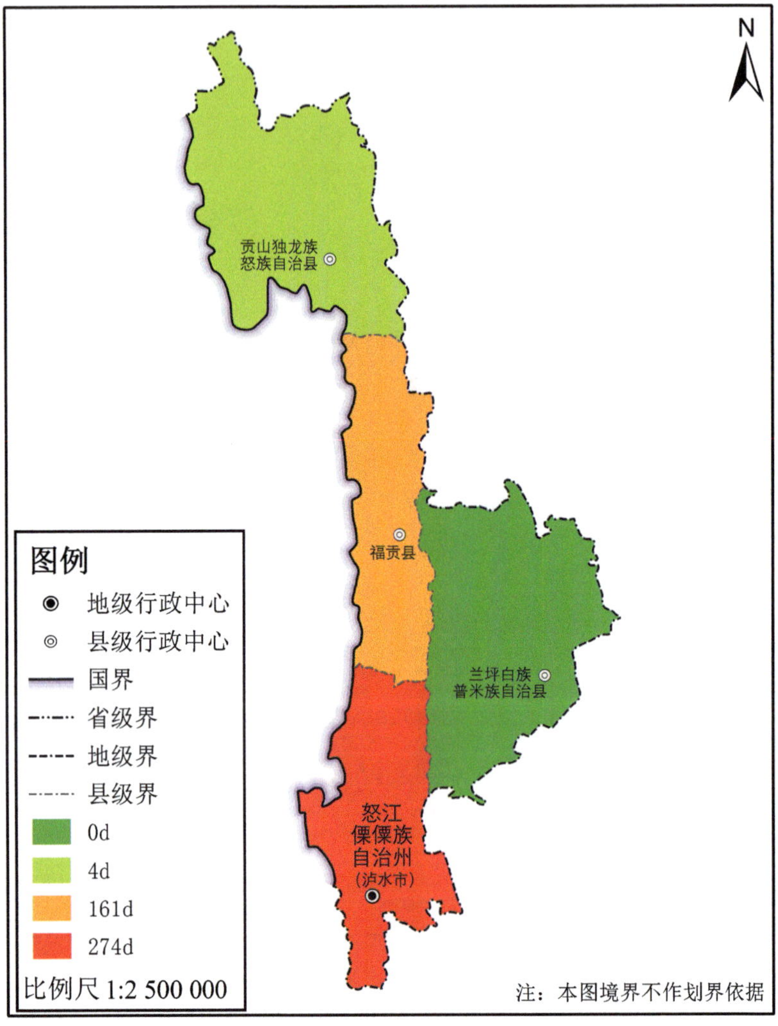
N
贡山独龙族
怒族自治县
福贡县
兰坪白族
普米族自治县
怒江
傈僳族
自治州
(泸水市)
图例
地级行政中心
县级行政中心
国界
省级界
地级界
县级界
0d
4d
161d
274d
比例尺 1:2 500 000
注：本图境界不作划界依据

(a) 高温日数分布图

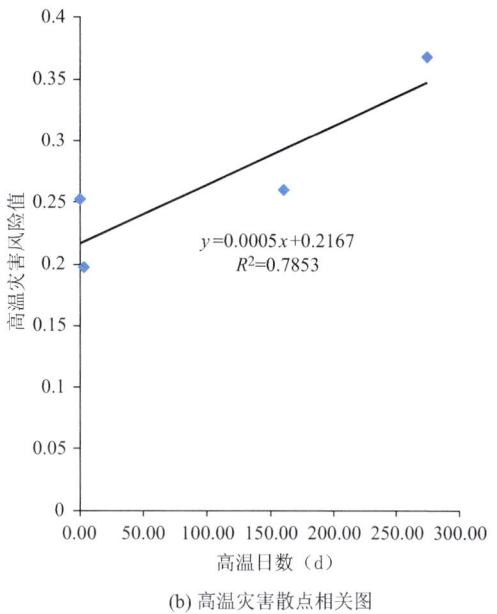

(b) 高温灾害散点相关图

图 4.31　怒江州高温灾害风险区划结果验证

4.4　低温灾害风险区划

4.4.1　低温灾害风险区划模型

低温灾害风险区划模型如图 4.32 所示，用 7 个指标加权后的综合指数表征低温灾害风险。

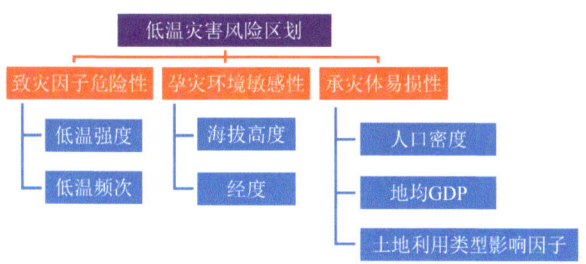

图 4.32　低温灾害风险区划模型

4.4.2　致灾因子危险性评估与区划

低温灾害主要是由于气温骤然下降、且持续时间较长引起的，致灾风险与低温持续时间、极端最低气温、日平均气温密切相关。用低温强度指数来表征低温强度。怒江州低温灾害主要是倒春寒、小满寒和秋寒。统计怒江州辖区内自动站历年日温度变化资料，筛选出符合条件的低温过程。倒春寒提取指标是3—4月日平均气温＜10 ℃，持续时间3 d以上。小满寒和秋寒提取指标是7—8月日平均气温＜20 ℃，持续时间3 d以上（日平均气温常年低于20℃的区域除外）。统计每个低温过程的极端最低温度、平均温度、持续时间，用这3个指标表征低温强度。用熵值法计算3个指标的权重分别为0.25、0.3、0.45，将3个指标值进行归一化处理后加权合成，得到每个站点的低温强度，再将站点低温强度值用反距离权重法进行插值，生成低温强度图层。用统计的各个站点低温过程数生成低温频次图层。再用熵值法计算低温强度和低温频次的权重分别为0.44和0.56，再用栅格计算器按权重进行两个图层的叠加，得到低温灾害致灾因子危险性图层。

怒江州低温灾害极高危险区主要位于兰坪县东部，泸水市西北部小部分区域，高危险区位于贡山县大部分区域、兰坪县中部，次高危险区主要位于福贡县北部、贡山县南部，中等危险区位于兰坪县西部、泸水市中部，一般危险区主要位于泸水市北部、福贡县南部等区域（图4.33）。

4.4.3　孕灾环境敏感性评估与区划

运用致灾因子与孕灾环境相关回归分析法得到孕灾环境敏感性图层。将统计的各站点低温频次与海拔、经纬度、坡度分别进行相关分析，建立回归模型。如果所有样本值均在95%置信限预测区间内，拟合优度达到0.8以上，拟合模型参数估计显示F检验的P值小于0.001，则判断模型有显著意义。通过函数关系运用站点海拔、经纬度、坡度值进行内插，得到孕灾环境敏感性图层。在相关性分析过程中，预选的海拔、经纬度、坡度指标中如有相关性较弱的，将被剔除，只保留通过样本检验的指标。

根据站点低温频次与站点海拔高度、经度、纬度的散点图分布，推测回归模型为：

$$y=a_0+a_1h+a_2j+a_3w+a_4p$$

其中，h为海拔高度，j为经度，w为纬度，p为坡度。调用SAS中REG过程，用逐步筛选法STEPWISE选择最佳回归模型，并对模型进行诊断。将各站点低温频次、经度、纬度、海拔、坡度数据代入模型，因截距项a_0对应的T检验P值不满足小于0.001，即不拒绝"该回归方程截距为0"的原假设，因此拟合去掉截距项a_0。通过方差分析表和参数估计显示，拟合模型参数估计显示F检验的P值

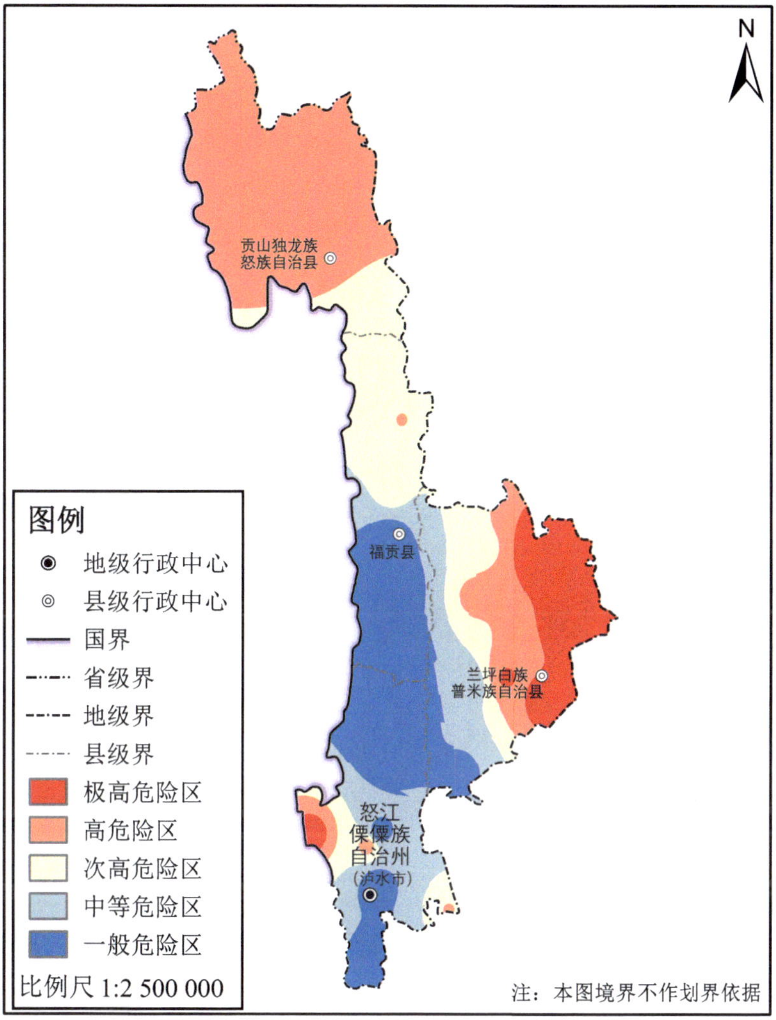

图 4.33　怒江州低温灾害致灾因子危险性区划

小于 0.001，判断模型有显著意义。

模型残差满足误差项随机，且近似为正态分布的原假设，模型拟合优度为 0.6605，进一步说明模型假设显著成立（图 4.34）。从而得出孕灾环境敏感性的关系式为：

$$y=0.0117h-0.1057j$$

将 GIS 中提取的怒江州 DEM 数据代入模型计算得出怒江州低温分布的拟合值，用其表征低温灾害孕灾敏感性。怒江州低温灾害孕灾高敏感区分布随海拔变化趋势明显。怒江州低温灾害极高敏感区主要位于贡山县中部和西北部、兰坪县与泸水市交界沿线区域，高敏感区和次高敏感区主要位于兰坪县中部和东部，中等敏感区和一般

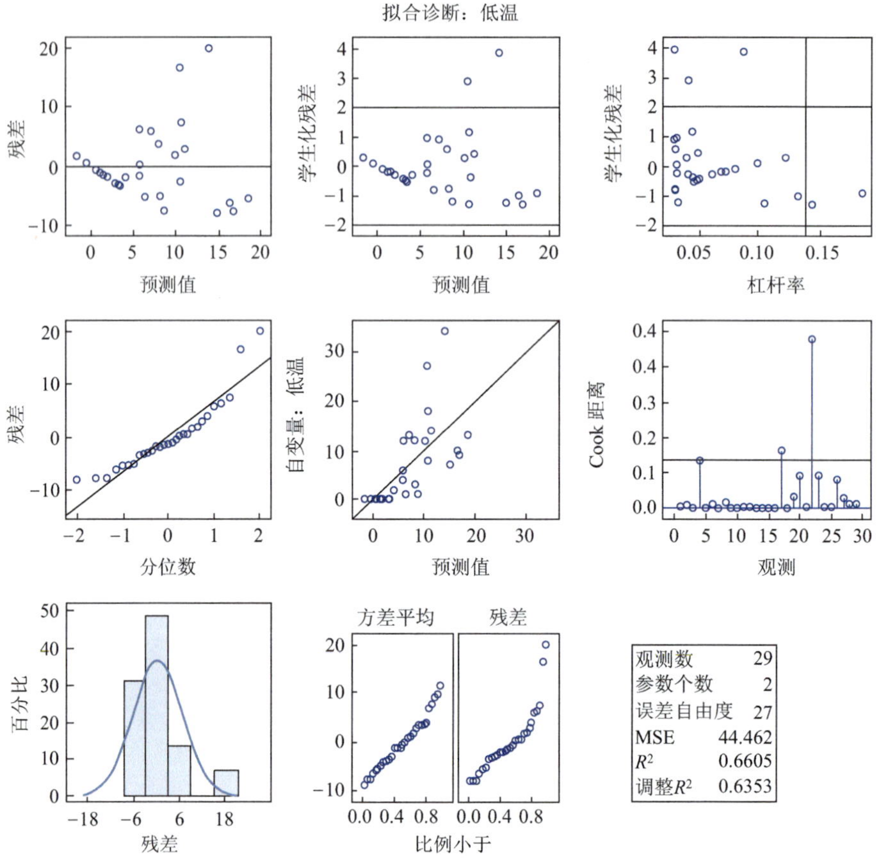

图 4.34　回归模型拟合诊断

风险区主要位于怒江流域、独龙江流域、澜沧江流域沿线区域（图 4.35）。

4.4.4　承灾体易损性评估与区划

用怒江州人口密度、地均 GDP、土地利用类型表征承灾体的易损性。前 2 个指标越大，发生低温灾害造成损失的风险就越大。所用人口密度及地均 GDP 图层数据为中国科学院资源环境科学数据中心提供的全国范围 2020 年精度为 1 km×1 km 的社会经济数据。

土地利用类型数据来源为全国 2020 年的 1∶100 万土地利用数据中怒江州数据的提取。为了识别不同土地利用类型对低温灾害承灾体易损性的影响，需对原始数据进行重新分类赋值，越容易遭遇低温灾害的土地利用类型，赋值越大。表 4.3 为各种类型因子的赋值。将重新赋值的栅格数据导入 GIS，再按乡镇边界对数据进行提取，用各乡镇土地利用类型的栅格数据累加之和作为土地利用类型影

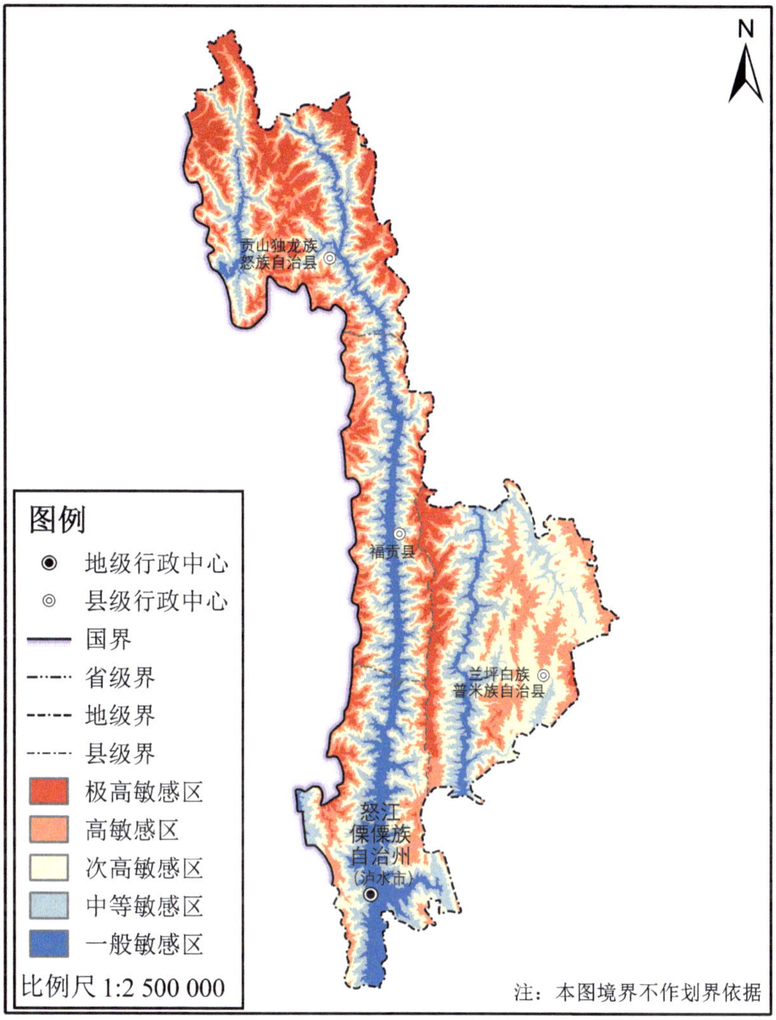

图 4.35　怒江州低温灾害孕灾环境敏感性区划

响因子，归一化后与其他 2 个指标共同表征低温灾害承灾体易损性。用层次分析法计算该 3 个指标在表征承灾体易损性时的权重，将 3 个指标值进行归一化处理后加权合成承灾体易损性综合指标图层。

表4.3　低温灾害土地利用类型赋值

土地类型	编号	说明	赋值
耕地	11	水田	10
	12	旱地	10

续表

土地类型	编号	说明	赋值
林地	21	有林地	1
	22	灌木林	1
	23	疏林地	1
	24	其他林地	1
草地	31	高覆盖度草地	0.5
	32	中覆盖度草地	0.5
	33	低覆盖度草地	0.5
水域	42	湖泊	0.1
	43	水库坑塘	0.1
	44	永久性冰川雪地	0.1
	46	滩地	0.1
城乡	51	城镇用地	5
	52	农村居民点	5
	53	其他建设用地	5
其他	66	裸岩石质地	0.1

怒江州低温灾害极高易损区主要位于泸水市中部和西南部、兰坪县澜沧江流域和沘江流域沿线，高易损区主要位于泸水市南部区域，次高易损区位于兰坪县中部、泸水市北部、福贡县大部分区域，中等易损区位于福贡县北部、贡山县大部分区域，一般易损区主要位于贡山县中部和西部小部分区域（图4.36）。

4.4.5 低温灾害风险区划

怒江低温灾害主要是春季和秋季气温突然下降引起的，主要与承灾体性质关系密切。应用层次分析法计算低温致灾因子综合指标图层、孕灾环境综合指标图层和承灾体易损性综合指标图层的权重分别为0.3、0.2、0.5。用ArcGIS中的栅格计算器将3个图层按各自权重进行叠加，得出低温灾害综合风险区划图。

怒江州低温灾害极高风险区主要位于兰坪县中部偏东区域，高风险区主要位于兰坪县中部、泸水市西北部和东部，次高风险区位于兰坪县西北部、泸水市中部、贡山县中部，中等风险区位于泸水市与兰坪县交界区域、贡山县西南部、福贡县北部区域，一般风险区主要位于福贡县南部、泸水市北部区域（图4.37）。

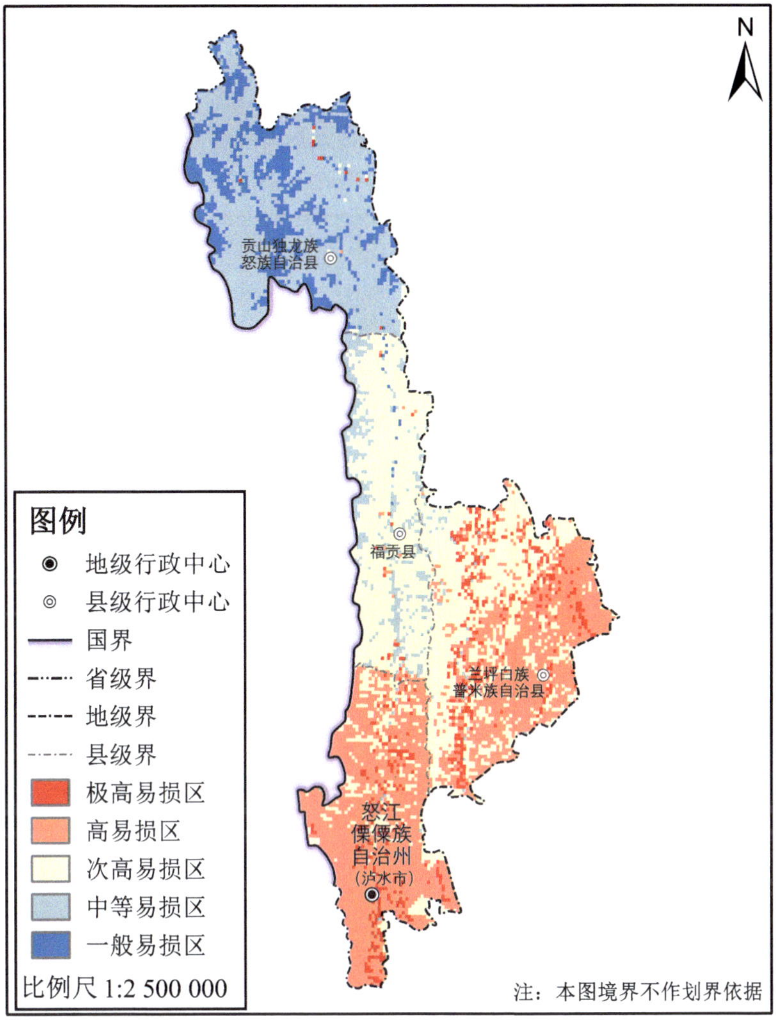

图 4.36 怒江州低温灾害承灾体易损性区划

(1) 泸水市低温灾害风险区划

泸水市低温灾害风险区域主要包含极高风险区、高风险区、次高风险区、中等风险区和一般风险区。极高风险区位于老窝镇东南部，高风险区域位于片马镇、鲁掌镇西部、上江镇东部，次高风险区位于鲁掌镇西部、称杆乡西南部、大兴地镇东部、六库镇东北部，中等风险区位于上江镇西部、六库镇中部、大兴地镇中部、称杆乡西北部，一般风险区位于洛本卓白族乡、古登乡、称杆乡东部等区域（图 4.38）。

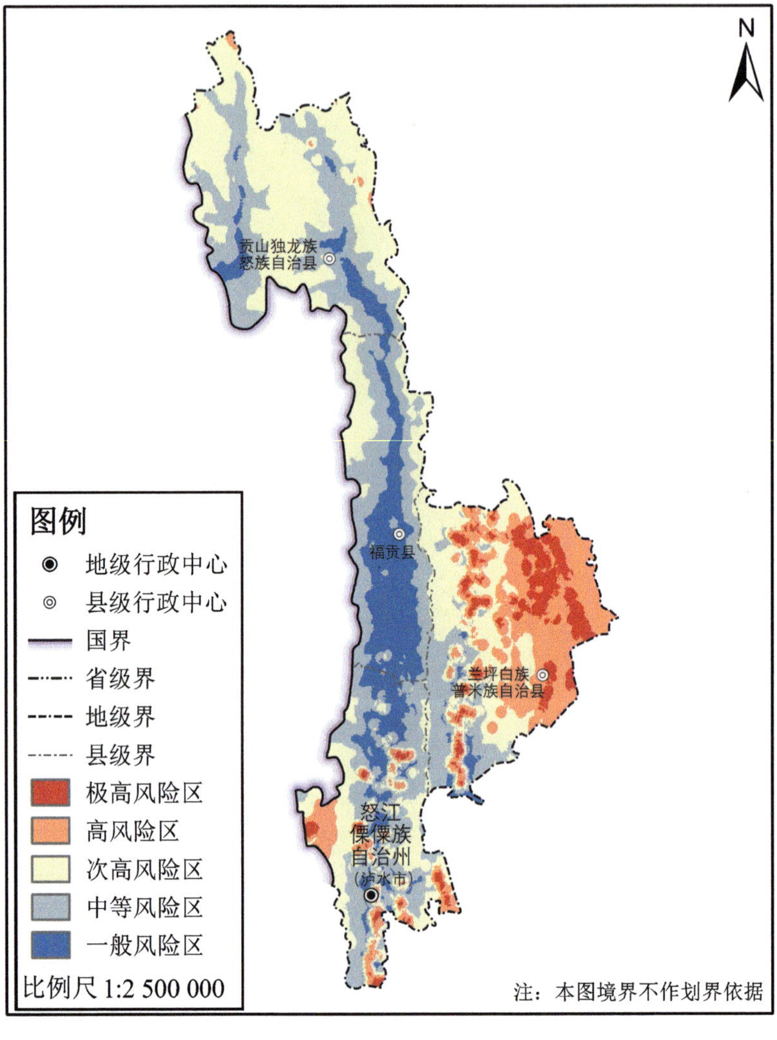

图 4.37 怒江州低温灾害风险区划

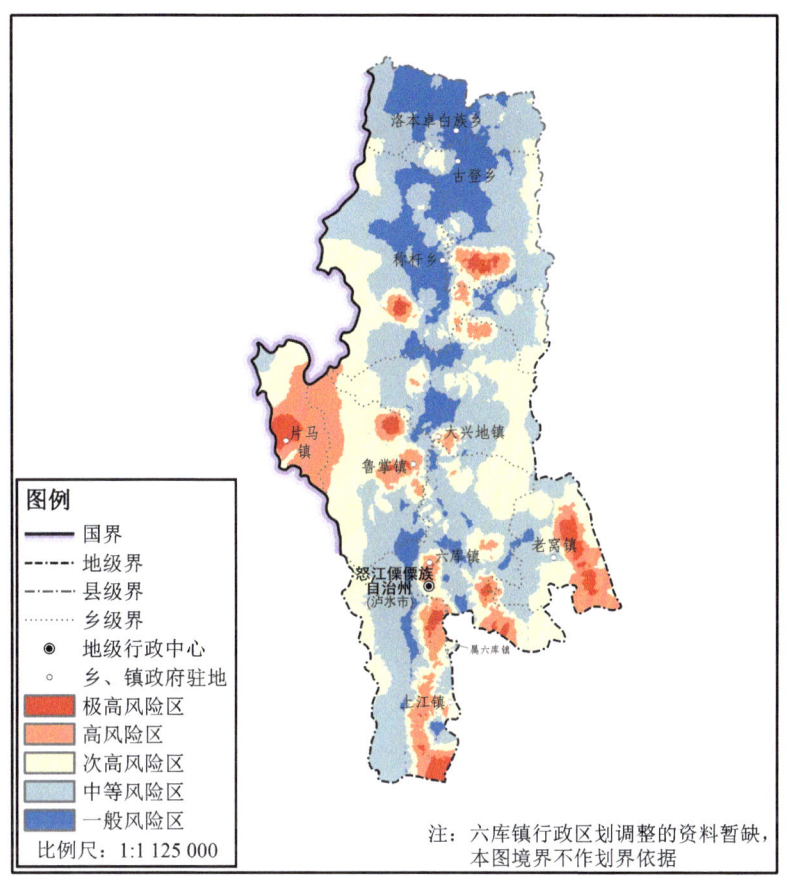

图 4.38　泸水市低温灾害风险区划

（2）福贡县低温灾害风险区划

福贡县低温灾害风险区域主要包含次高风险区、中等风险区和一般风险区。次高风险区域位于石月亮乡西部、马吉乡西部，中等风险区位于鹿马登乡西部和东部、石月亮乡东部和中部偏西区域、马吉乡中部偏西区域和东部区域、上帕镇西部和东部、架科底乡东部、子里甲乡西部、匹河怒族乡西部，一般风险区位于上帕镇中部、架科底乡中部、子里甲乡中部、匹河怒族乡中部、鹿马登乡中部（图 4.39）。

（3）贡山县低温灾害风险区划

贡山县低温灾害风险区域主要包含次高风险区、中等风险区和一般风险区。次高风险区域位于独龙江乡东部和西部、丙中洛镇中部东北部和西南部、茨开镇西北部、捧当乡东部，中等风险区位于丙中洛镇中部、捧当乡中部、茨开镇中部、独龙江乡中部和南部，一般风险区位于普拉底乡中部（图 4.40）。

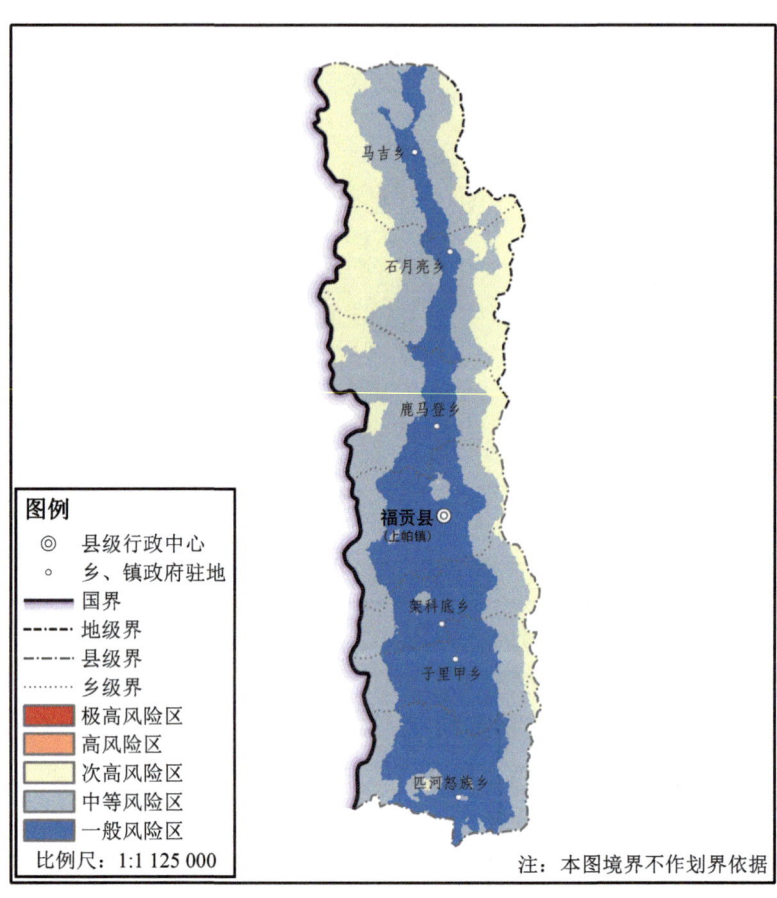

图 4.39 福贡县低温灾害风险区划

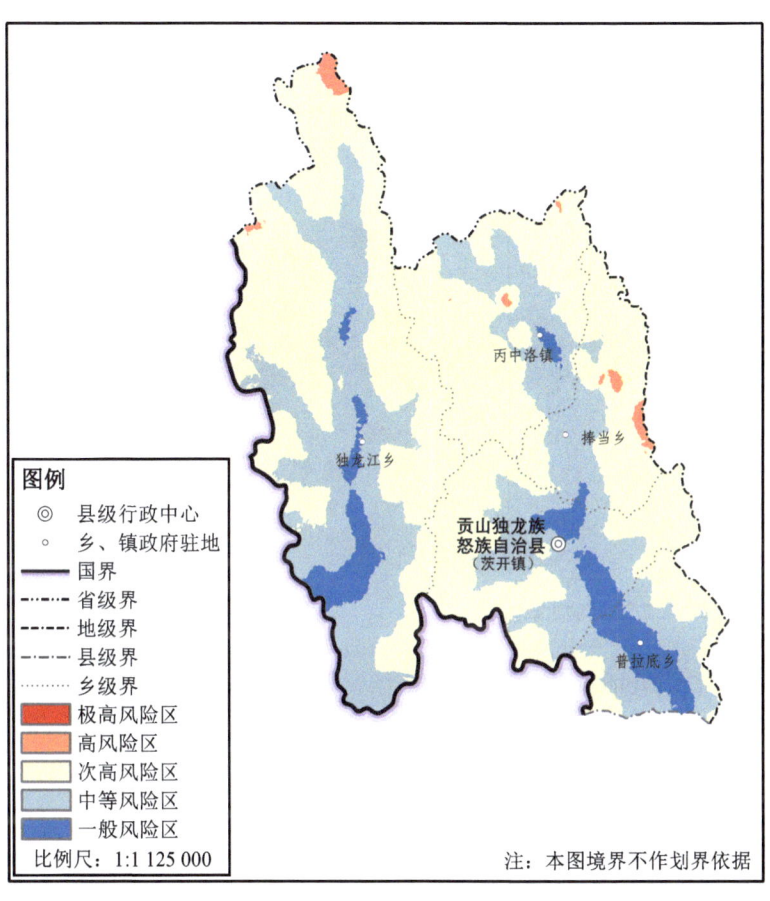

图 4.40 贡山县低温灾害风险区划

（4）兰坪县低温灾害风险区划

兰坪县低温灾害风险区域主要包含极高风险区、高风险区、次高风险区、中等风险区。极高风险区位于通甸镇中部、河西乡中部和西部、金顶镇中部、中排乡中部、石登乡东部和中部，高风险区域位于金顶镇东部、啦井镇中部、通甸镇东部和西南部、河西乡东部、兔峨乡中部、营盘镇东部，次高风险区位于中排乡西部、石登乡西部，中等风险区位于营盘镇西部、兔峨乡西部和中部偏东区域（图4.41）。

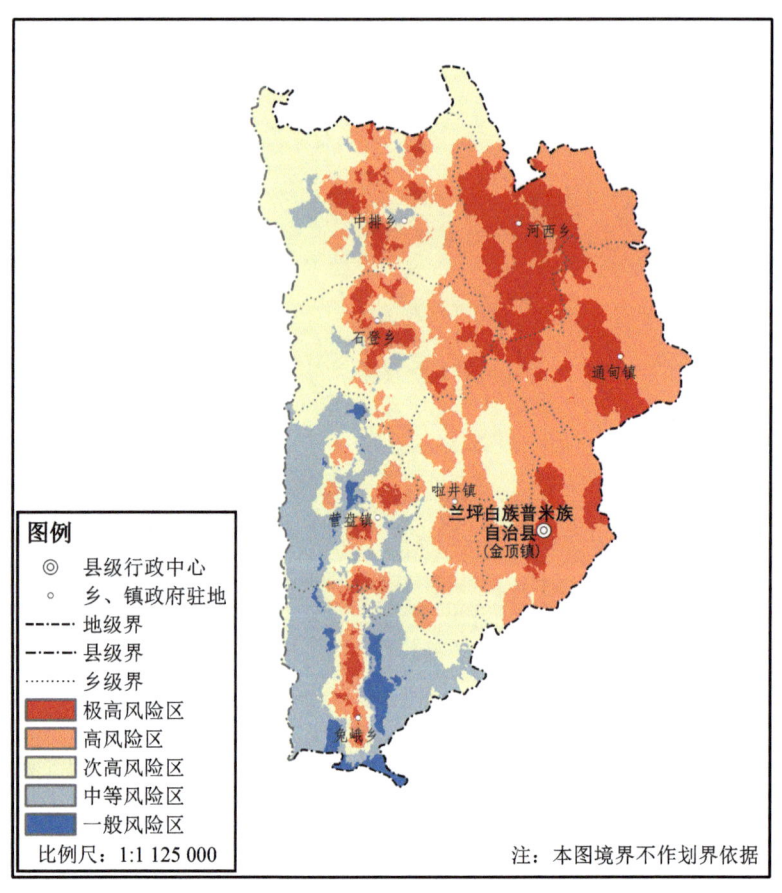

图 4.41 兰坪县低温灾害风险区划

4.4.6 区划结果检验

用各区域历年低温灾害次数分布与区划结果进行对比验证。提取低温灾害风险区划图层栅格数据，计算各县（市）风险平均值，把各乡镇的低温灾害次数与低温灾害风险区划值作散点相关分析，相关系数 R 为 0.43，通过 0.01 的显著性检验，说明低温灾害风险区划结果与历史低温次数通过了极显著相关性检验，该低温灾害风险区划模型的建立是科学合理的（图4.42）。

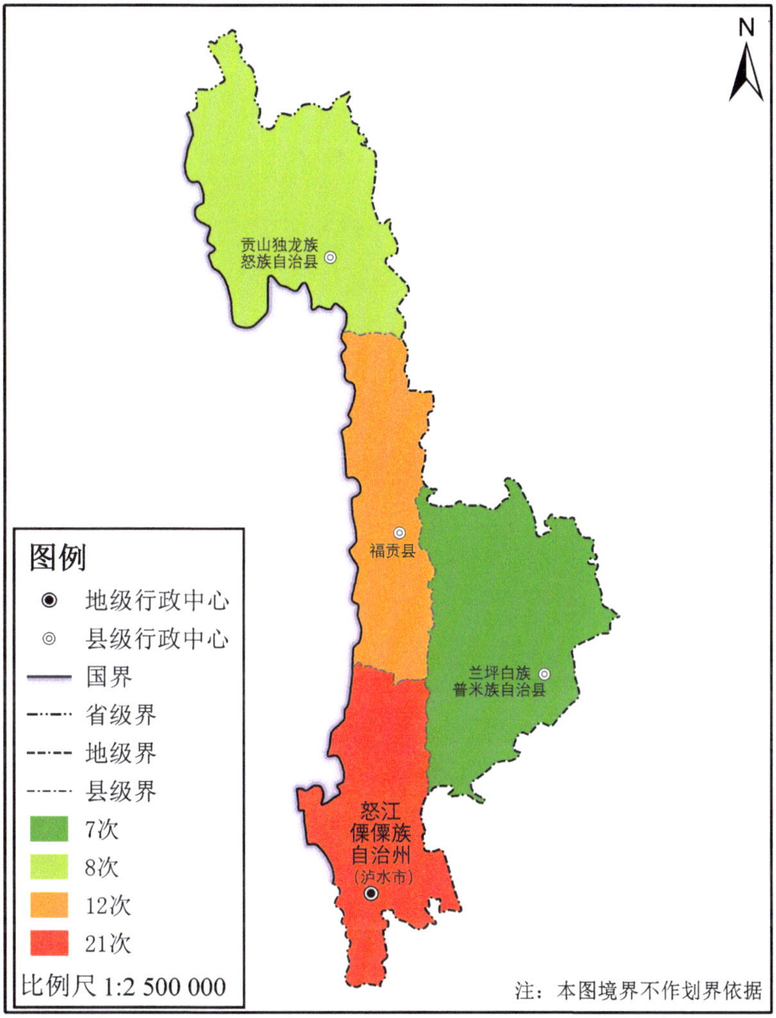

(a) 低温灾害次数分布图

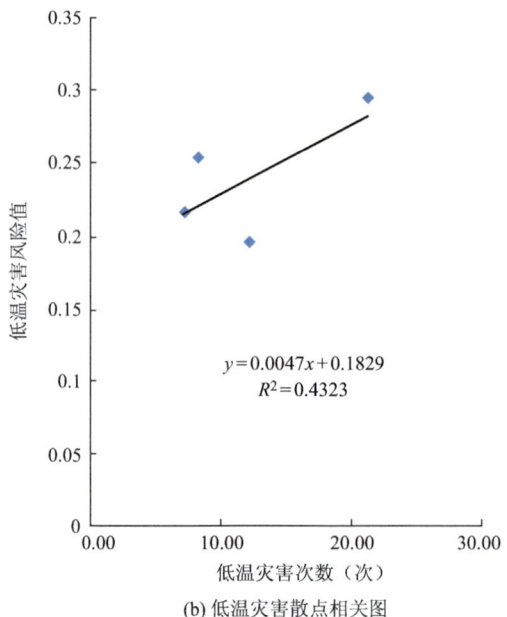

(b) 低温灾害散点相关图

图 4.42　怒江州低温灾害风险区划结果验证

4.5　大风灾害风险区划

4.5.1　大风灾害风险区划模型

大风灾害风险区划模型如图 4.43 所示,用 7 个指标加权后的综合指数表征大风灾害风险。

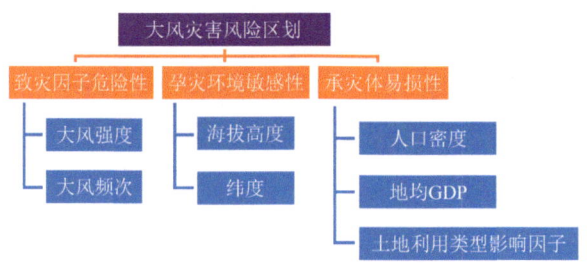

图 4.43　大风灾害风险区划模型

4.5.2　致灾因子危险性评估与区划

中国气象观测业务规定,瞬时风速达到或超过 17.2 m/s(或目测估计风力达到或超过8级)的风为大风。有大风出现的一天称为大风日。产生大风的天气系统很多,如冷锋、雷暴、飑线和气旋等。热带气旋的大风出现在涡旋的强气压梯度区内,呈逆时针旋转。冷锋大风位于锋面过境之后。雷暴和飑线的大风则发生在它们过境时,雷雨拖带的下沉气流至近地面的流出气流中。地形的狭管效应可以使风速增大,使某些地区成为大风多发区。统计怒江州辖区内自动站历年日风速变化资料,筛选出符合条件的大风日,统计每个大风日的日极大风速、大风等级,用这2个指标表征大风强度。用熵值法计算2个指标的权重分别为0.49、0.51,将2个指标值进行归一化处理后加权合成,得到每个大风日的大风强度,然后对每个站点的大风强度进行累加,再将站点大风强度累加值用反距离权重法进行插值,生成大风强度图层。用统计的各个站点大风日数生成大风频次图层。再用熵值法计算大风强度和大风频次的权重分别为0.42和0.58,再用栅格计算器按权重进行2个图层的叠加,得到大风灾害致灾因子危险性图层。

怒江州大风灾害极高危险区主要位于贡山县东北部、泸水市南部和西南部,高危险区位于贡山县中部、泸水市中部,次高危险区位于贡山县南部和西部、泸水市中北部,中等危险区位于兰坪县中部和南部、泸水市北部、福贡县北部,一般危险区主要位于福贡县中部和南部、兰坪县北部(图4.44)。

4.5.3 孕灾环境敏感性评估与区划

运用致灾因子与孕灾环境相关回归分析法得到孕灾环境敏感性图层。将统计的各站点大风频次与海拔、经纬度、坡度分别进行相关分析,建立回归模型。如果所有样本值均在95%置信限预测区间内,拟合优度达到0.8以上,拟合模型参数估计显示F检验的P值小于0.001,则判断模型有显著意义。通过函数关系运用站点海拔、经纬度、坡度值进行内插,得到孕灾环境敏感性图层。在相关性分析过程中,预选的海拔、经纬度、坡度指标中如有相关性较弱的,将被剔除,只保留通过样本检验的指标。根据站点大风频次与站点海拔高度、经度、纬度的散点图分布,推测回归模型为:

$$y=a_0+a_1h+a_2j+a_3w+a_4p$$

其中,h为海拔高度,j为经度,w为纬度,p为坡度。调用SAS中REG过程,用逐步筛选法STEPWISE选择最佳回归模型,并对模型进行诊断。

将各站点低温频次、经度、纬度、海拔、坡度数据代入模型,因截距项a_0对应的T检验P值满足小于0.001,即拒绝"该回归方程截距为0"的原假设,因此保留截距项a_0。通过方差分析表和参数估计显示,拟合模型参数估计显示F检验的P值小于0.001,判断模型有显著意义。

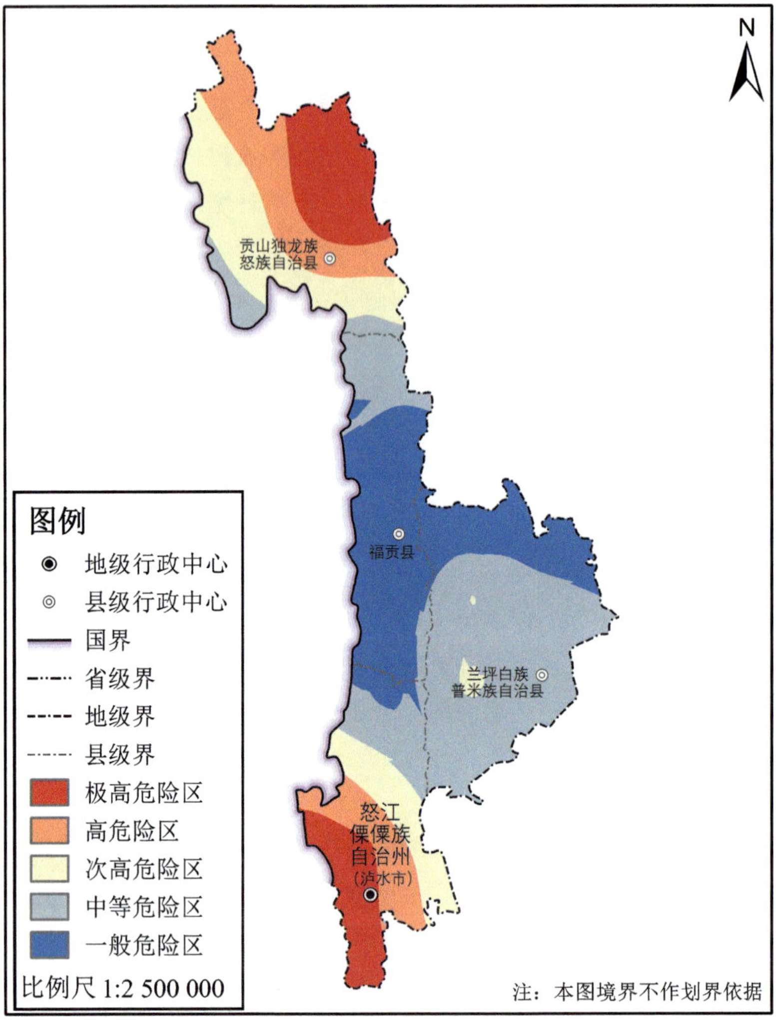

图 4.44　怒江州大风灾害致灾因子危险性区划

模型残差满足误差项随机，且近似为正态分布的原假设，模型拟合优度为 0.3253，进一步说明模型假设显著成立（图 4.45）。从而得出孕灾环境敏感性的关系式为：

$$y=11.839+0.0007h-0.49w+0.0063p$$

将 GIS 中提取的怒江州 DEM 数据代入模型计算得出怒江州大风分布的拟合值，用其表征大风灾害孕灾敏感性。怒江州大风灾害孕灾高敏感区分布随海拔变化趋势明显。怒江州大风灾害极高敏感区和高敏感区主要位于泸水市西部、泸水市与兰坪县交界区域沿线、福贡县西部、福贡县与兰坪县交界区域沿线、贡山县

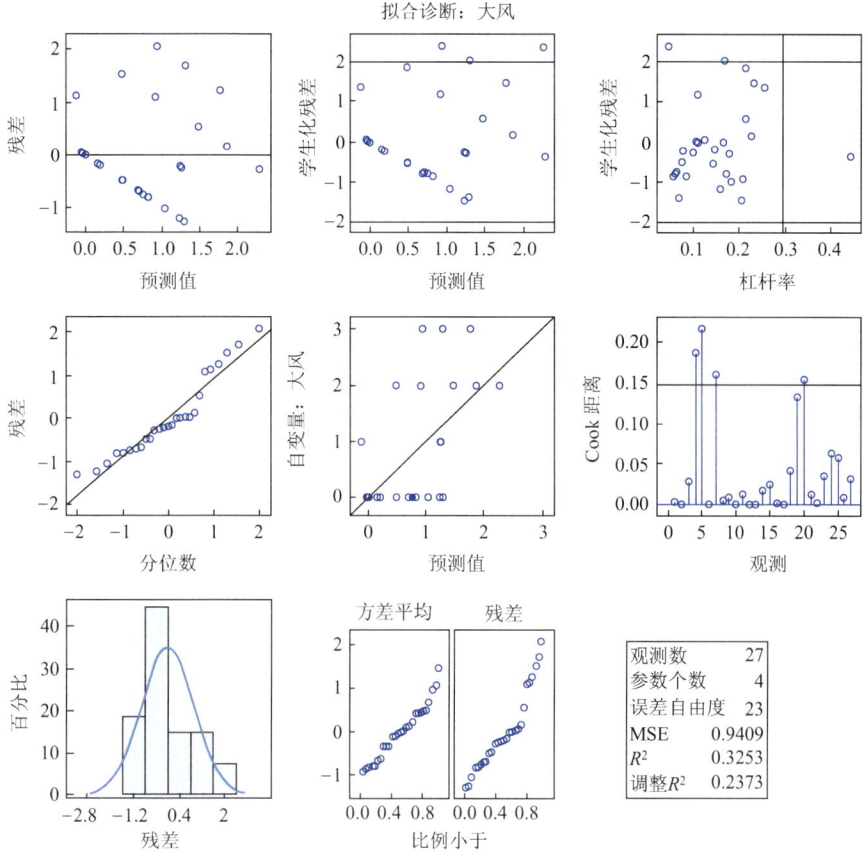

图 4.45 回归模型拟合诊断

中部,高敏感区主要位于兰坪县中部、怒江流域沿线向外延伸区域。中等敏感区和一般风险区主要位于怒江流域、独龙江流域、澜沧江流域沿线区域(图 4.46)。

4.5.4 承灾体易损性评估与区划

用怒江州人口密度、地均 GDP、土地利用类型表征承灾体的易损性。前 2 个指标越大,发生大风灾害造成损失的风险就越大。所用人口密度及地均 GDP 图层数据为中国科学院资源环境科学数据中心提供的全国范围 2020 精度为 1 km×1 km 的社会经济数据。

土地利用类型数据来源为全国 2020 年的 1∶100 万土地利用数据中怒江州数据的提取。为了识别不同土地利用类型对大风灾害承灾体易损性的影响,需对原始数据进行重新分类赋值,越容易遭遇大风灾害的土地利用类型,赋值越大。表 4.4 为各种类型因子的赋值。将重新赋值的栅格数据导入 GIS,再按乡镇边界对

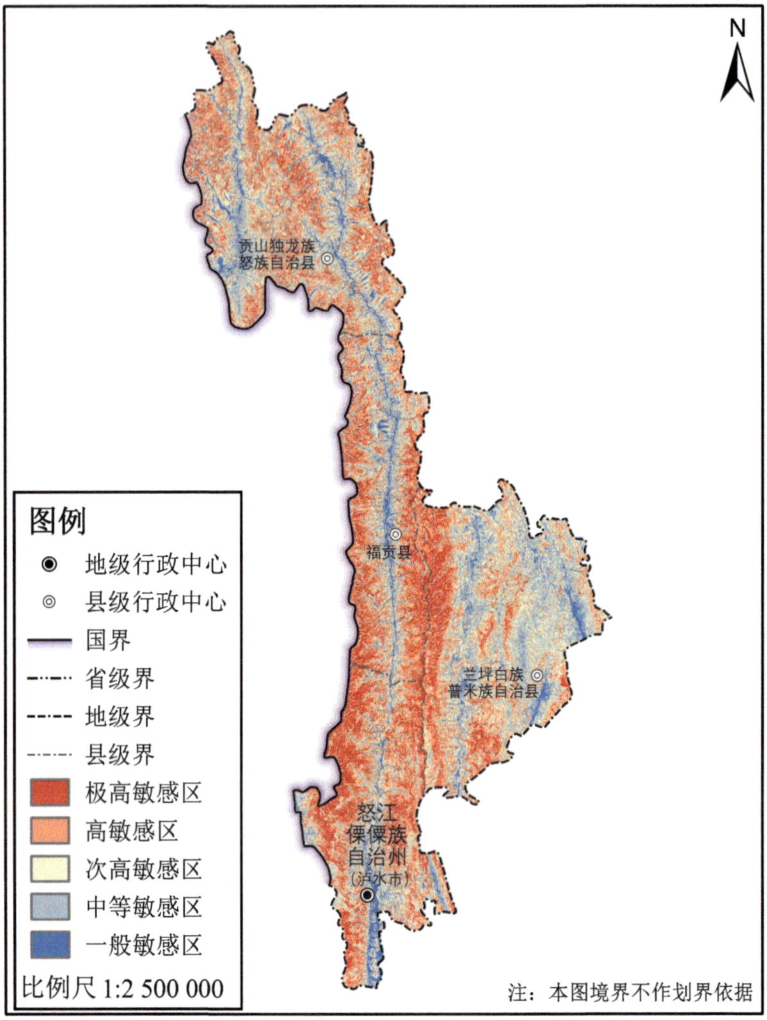

图 4.46 怒江州大风灾害孕灾环境敏感性区划

数据进行提取,用各乡镇土地利用类型的栅格数据累加之和作为土地利用类型影响因子,归一化后与其他 2 个指标共同表征大风灾害承灾体易损性。用层次分析法计算该 3 个指标在表征承灾体易损性时的权重,将 3 个指标值进行归一化处理后加权合成承灾体易损性综合指标图层。

表4.4 大风灾害土地利用类型赋值

土地类型	编号	说明	赋值
耕地	11	水田	10
	12	旱地	10
林地	21	有林地	1
	22	灌木林	1
	23	疏林地	1
	24	其他林地	1
草地	31	高覆盖度草地	0.5
	32	中覆盖度草地	0.5
	33	低覆盖度草地	0.5
水域	42	湖泊	0.1
	43	水库坑塘	0.1
	44	永久性冰川雪地	0.1
	46	滩地	0.1
城乡	51	城镇用地	5
	52	农村居民点	5
	53	其他建设用地	5
其他	66	裸岩石质地	0.1

怒江州大风灾害极高易损区主要位于泸水市中部和西南部、兰坪县澜沧江流域和沘江流域沿线，高易损区主要位于泸水市南部区域，次高易损区位于兰坪县中部、泸水市北部、福贡县大部分区域，中等易损区位于福贡县北部、贡山县大部分区域，一般易损区主要位于贡山县中部和西部小部分区域（图4.47）。

4.5.5 大风灾害风险区划

应用层次分析法计算大风致灾因子综合指标图层、孕灾环境综合指标图层和承灾体易损性综合指标图层的权重分别为0.5、0.25、0.25。用ArcGIS中的栅格计算器将3个图层按各自权重进行叠加，得出大风灾害综合风险区划图。

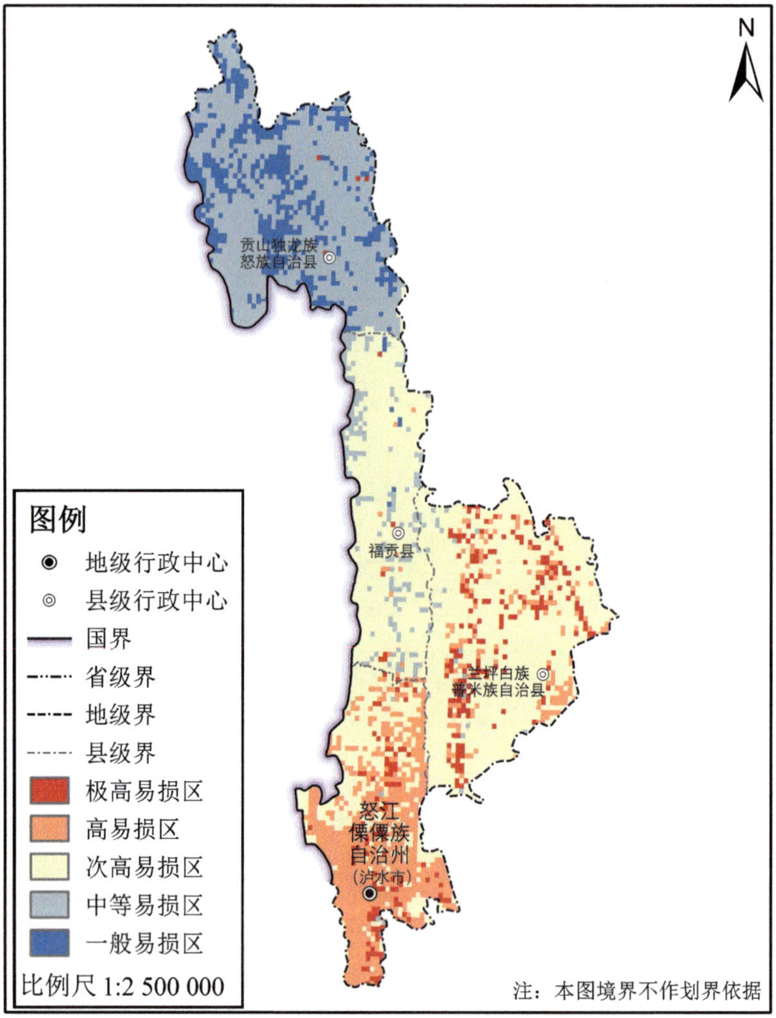

图 4.47　怒江州大风灾害承灾体易损性区划

怒江州大风灾害极高风险区主要位于泸水市南部和西部、贡山县东部，高风险区主要位于泸水市东南部和中部、贡山县中部，次高风险区位于兰坪县中部和西部、贡山县西北部，中等风险区位于兰坪县东南部和东部、福贡县北部，一般风险区主要位于福贡县中部（图 4.48）。

（1）泸水市大风灾害风险区划

泸水市大风灾害风险区域主要包含极高风险区、高风险区、次高风险区、中等风险区。极高风险区位于上江镇、鲁掌镇、片马镇、六库镇南部，高风险区域位于上老窝镇、大兴地镇、六库镇北部、称杆乡西南部、古登乡南部，次

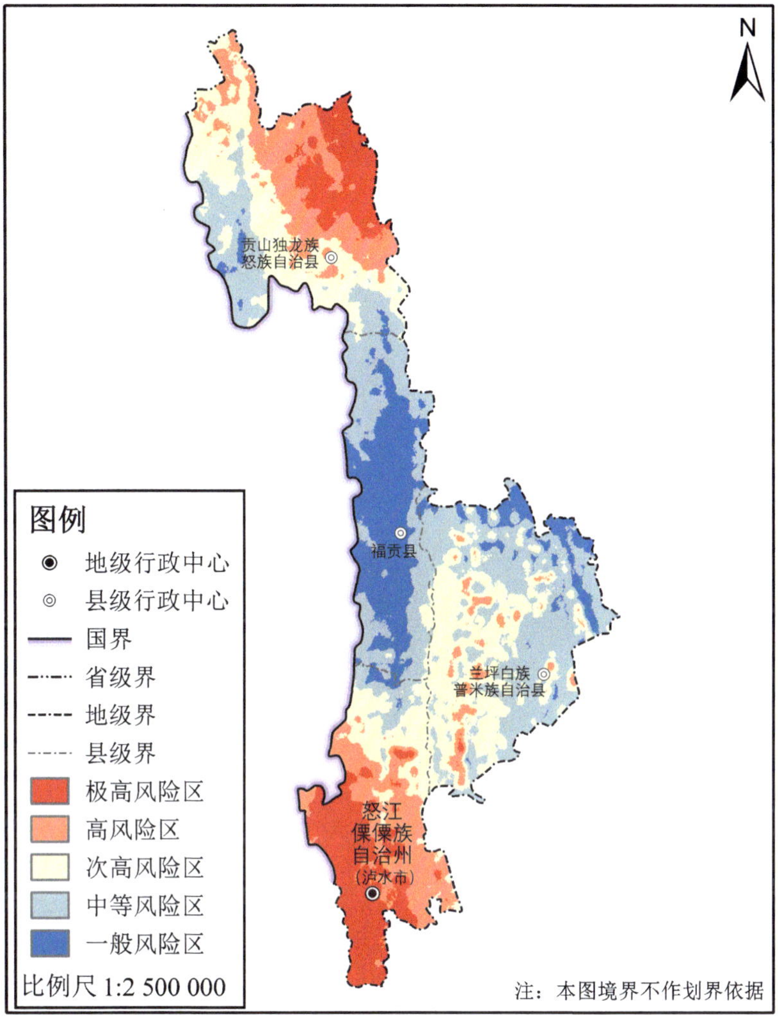

图 4.48 怒江州大风灾害风险区划

高风险区称杆乡北部、古登乡中部和北部,中等风险区位于洛本卓白族乡区域(图 4.49)。

(2)福贡县大风灾害风险区划

福贡县大风灾害风险区域主要包含中等风险区和一般风险区。中等风险区位于马吉乡、石月亮乡西部、架科底乡东部、子里甲乡东部、匹河怒族乡西部和东部区域,一般风险区位于石月亮乡中部、鹿马登乡、上帕镇、架科底乡中部和西部、子里甲乡中部、匹河怒族乡中部等区域(图 4.50)。

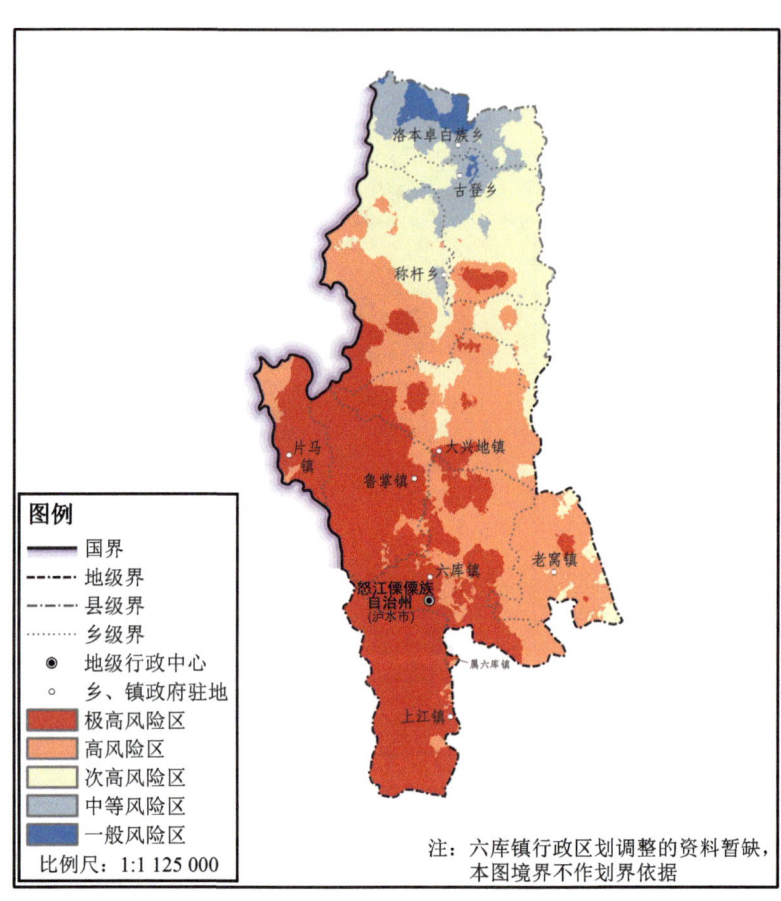

图 4.49 泸水市大风灾害风险区划

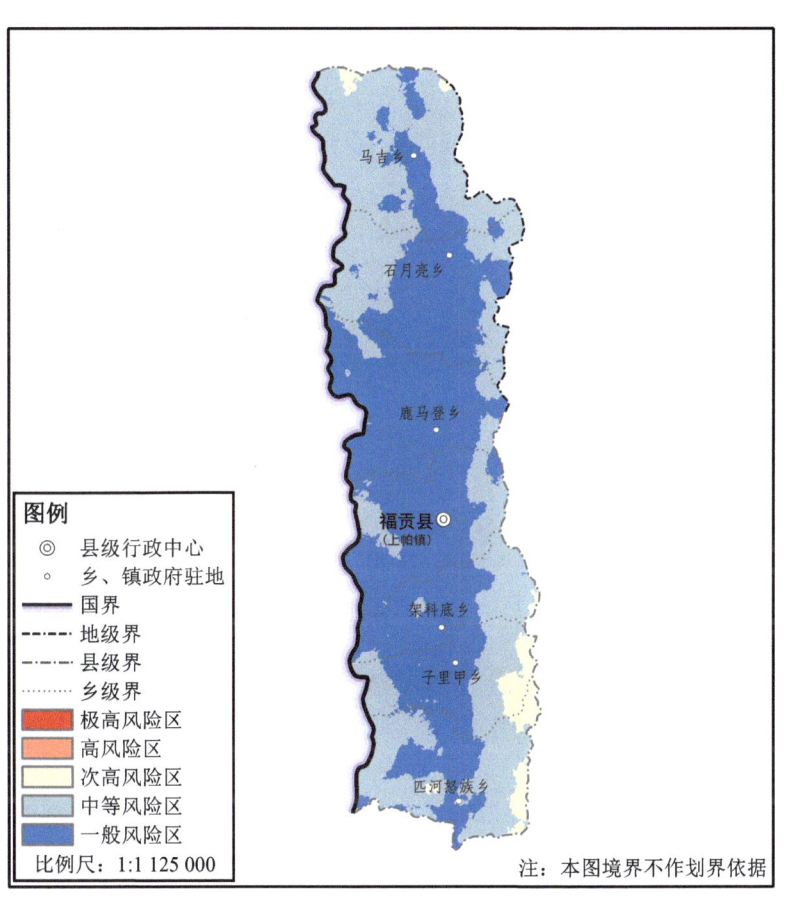

图 4.50 福贡县大风灾害风险区划

（3）贡山县大风灾害风险区划

贡山县大风灾害风险区域主要包含极高风险区、高风险区、次高风险区、中等风险区。极高风险区位于捧当乡、丙中洛镇西南部，高风险区域位于丙中洛镇西北部、茨开镇北部和东部，次高风险区位于茨开镇南部、普拉底乡北部、独龙江乡东部和西北部，中等风险区位于普拉底乡南部、独龙江乡南部（图4.51）。

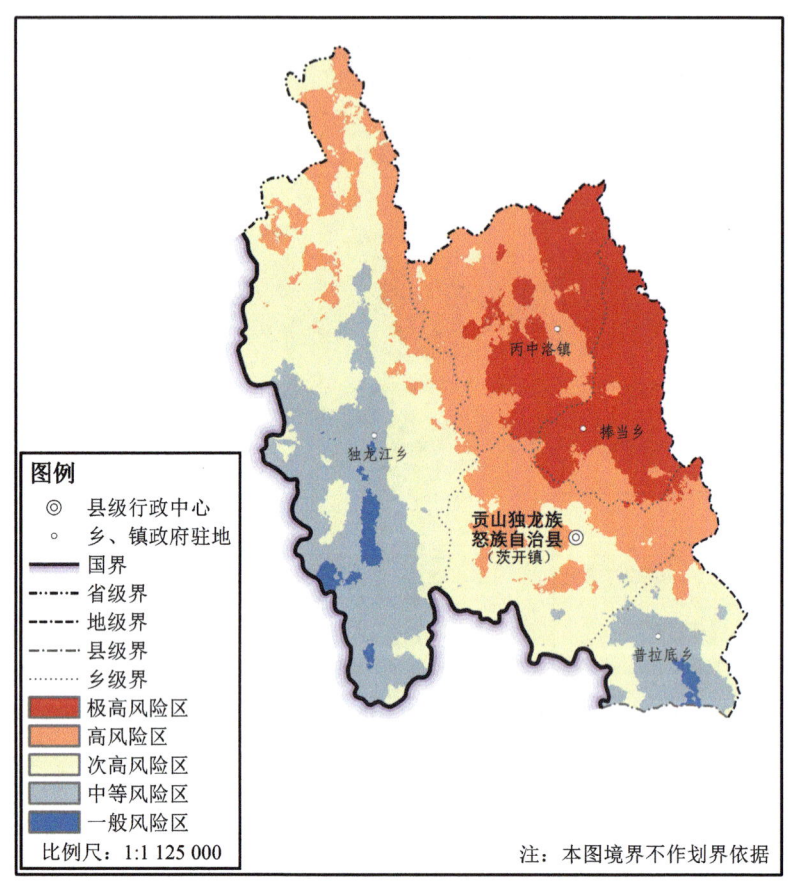

图 4.51　贡山县大风灾害风险区划

（4）兰坪县大风灾害风险区划

兰坪县大风灾害风险区域主要包含高风险区、次高风险区、中等风险区和一般风险区。高风险区位于兔峨乡中部、营盘镇中部偏东区域，次高风险区域位于石登乡、营盘镇西部、兔峨乡西部、中排乡中部，中等风险区位于啦井镇、通甸镇、河西乡中部、中排乡西北部、金顶镇西南部，一般风险区位于河西乡东北部、中排乡东北部等区域（图4.52）

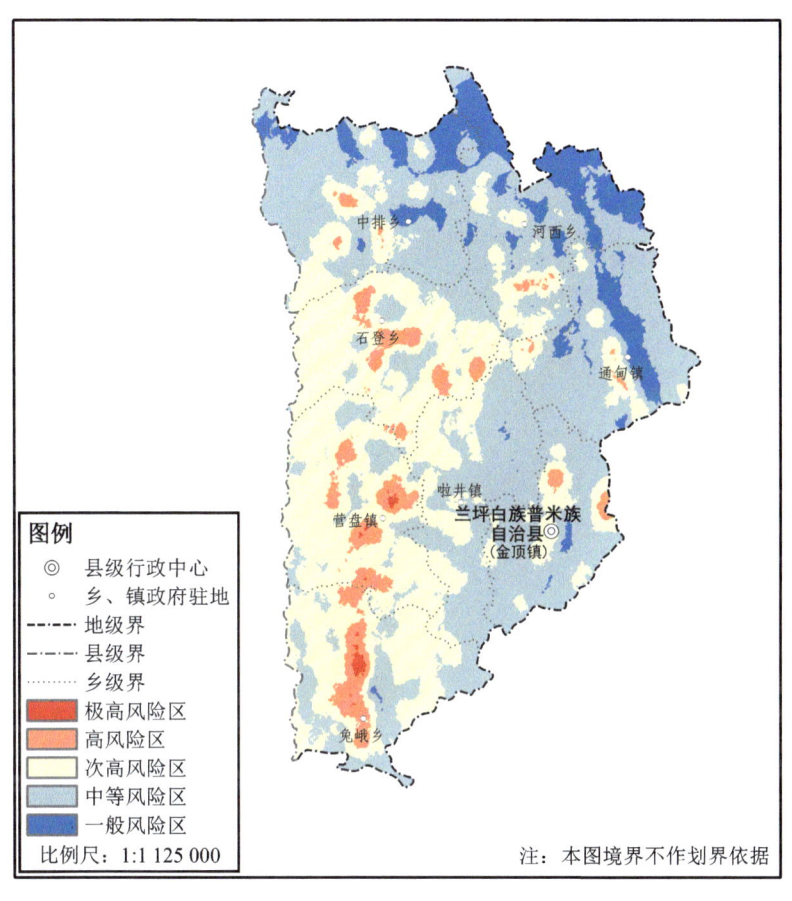

图 4.52 兰坪县大风灾害风险区划

4.5.6 区划结果检验

用各区域历年大风灾害次数分布与区划结果进行对比验证。提取大风灾害风险区划图层栅格数据，计算各县（市）风险平均值，把各乡镇的大风次数与大风灾害风险区划值作散点相关分析，相关系数 R 的平方为 0.33，通过 0.01 的显著性检验，说明大风灾害风险区划结果与历史大风次数通过了极显著相关性检验，该大风灾害风险区划模型的建立是科学合理的（图 4.53）。

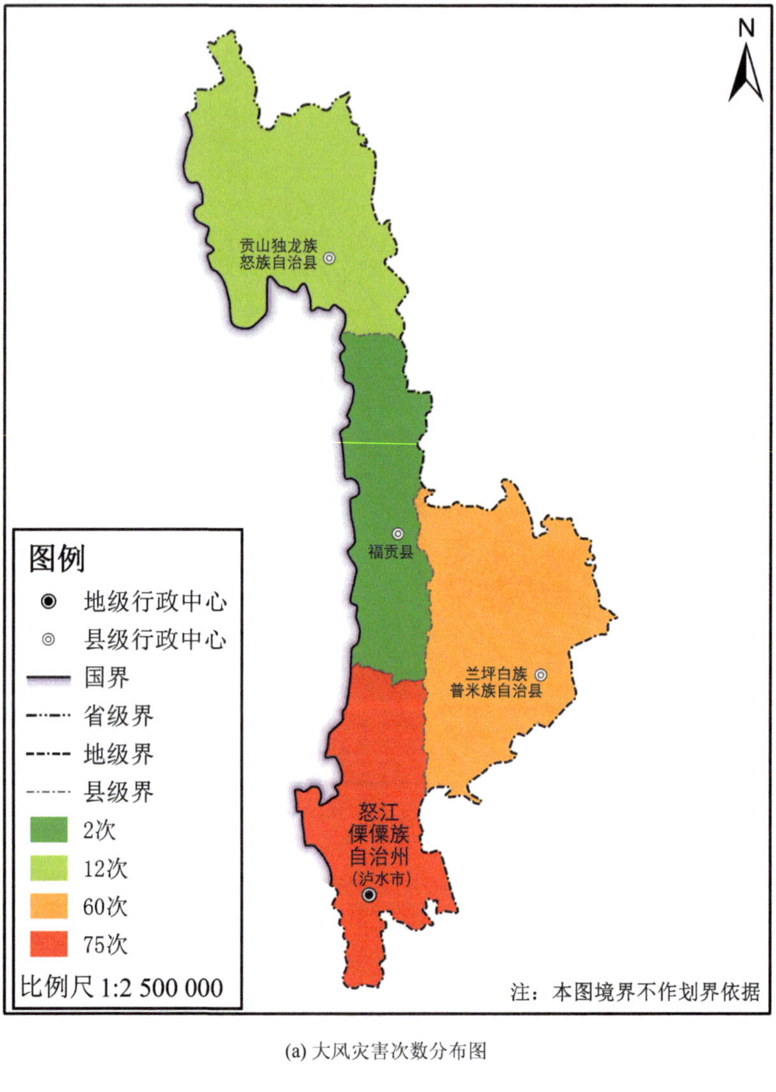
N
贡山独龙族
怒族自治县
福贡县
兰坪白族
普米族自治县
怒江
傈僳族
自治州
(泸水市)
图例
地级行政中心
县级行政中心
国界
省级界
地级界
县级界
2次
12次
60次
75次
比例尺 1:2 500 000
注：本图境界不作划界依据

(a) 大风灾害次数分布图

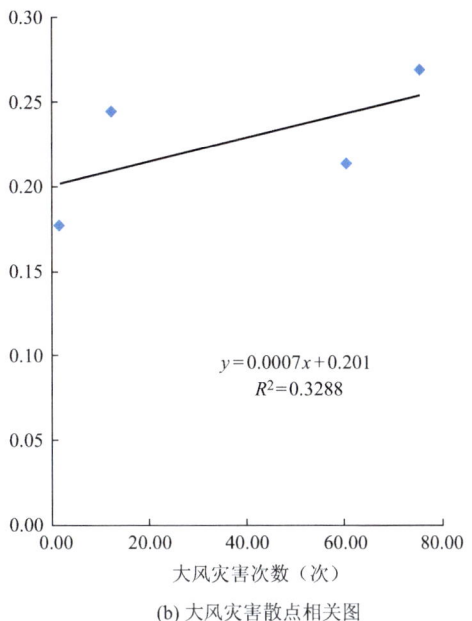

(b) 大风灾害散点相关图

图 4.53　怒江州大风灾害风险区划结果验证

4.6　雷电灾害风险区划

4.6.1　雷电灾害风险区划模型

雷电灾害风险区划模型如图 4.54 所示，用 8 个指标加权后的综合指数表征雷电灾害风险。

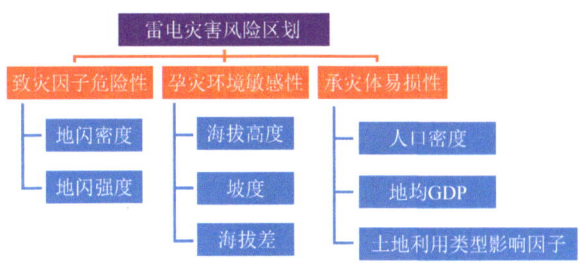

图 4.54　雷电灾害风险区划模型

4.6.2　致灾因子危险性评估与区划

选取年平均地闪密度、年平均地闪强度作为雷电灾害的危险性因子。统计怒江州辖区内闪电定位仪监测到的地闪次数、地闪密度，将其转换为 1 km×1 km 的格点数据。用这两个指标表征雷电致灾因子危险性。用熵值法计算地闪密度和地闪强度的权重分别为 0.9 和 0.1，将两个指标值进行归一化处理后加权合成，得到雷电灾害致灾因子危险性图层。

怒江州雷电灾害极高危险区主要位于泸水市东部、兰坪县东南部，高危险区位于兰坪县中部，次高危险区位于泸水市中部、贡山县北部，中等危险区位于贡山县中部和南部，一般危险区主要位于福贡县大部分区域、泸水市西北部（图 4.55）。

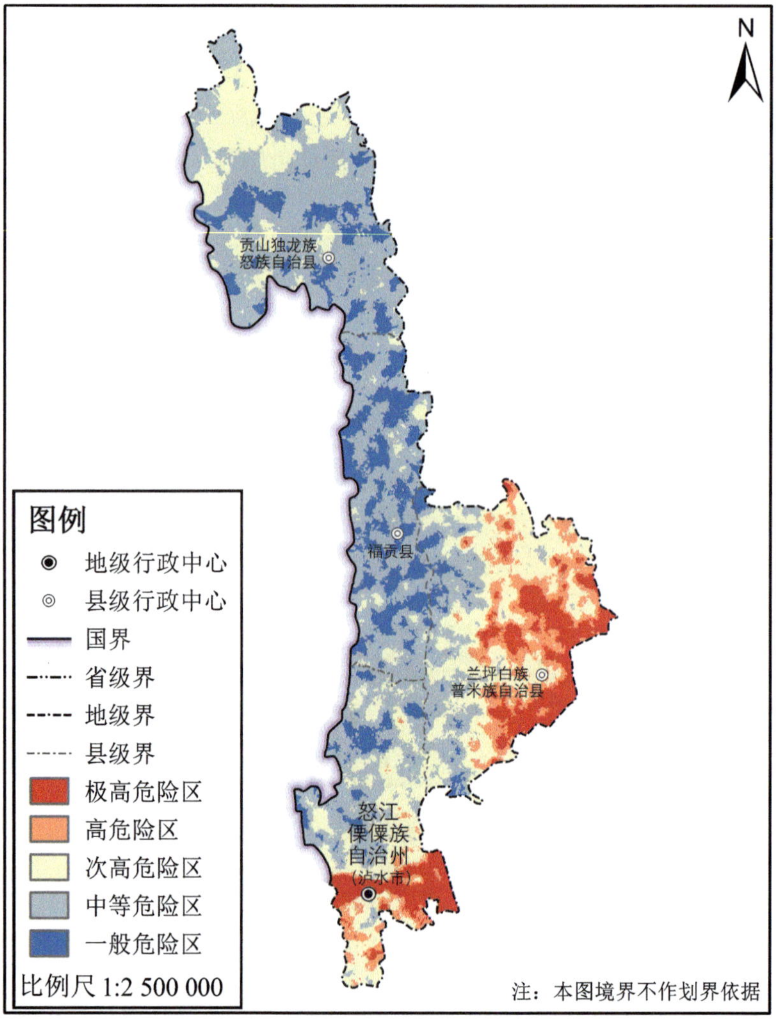

图 4.55　怒江州雷电灾害致灾因子危险性区划

4.6.3 孕灾环境敏感性评估与区划

易遭受雷击区域与下垫面环境关系密切。区域土壤电阻率的相对值较小时，就有利于电荷很快聚集。局部电阻率较小的地方容易受雷击；电阻率突变处和地下有导电矿藏处容易受雷击；实际上接地网电阻率，会增大雷击概率。山谷走向与风向一致，风口或顺风的河谷容易受雷击；山岳靠近湖、海的山坡被雷击的概率较大。有利于雷雨云与大地建立良好的放电通道。空旷地中的孤立建筑物，建筑群中的高耸建筑物容易受雷击；大树、接收天线、山区输电线路容易受雷击；符合尖端放电的特性，基站铁塔建成后也会增大雷击的概率。

分析海拔高度、坡度、海拔差与地闪密度的相关性，发现地闪落雷区域的海拔、坡度、海拔差的概率分布近似服从对应的正态分布。地闪落雷点集中在海拔值为2000 m左右区域（图4.56），坡度值为28°左右区域（图4.58），落雷区域海拔差为200 m左右区域（图4.57）。用SAS中相关分析和回归算法得出海拔高度、坡度、海拔差与地闪密度的函数关系式，则孕灾环境综合指标可用下式表示。

地闪密度小于1.7次/（km^2·a）（地闪均值）的区域：

$$y = 4.19308 \times \frac{1}{\sqrt{2\pi} \times 9.5016} \times e^{-\frac{(x_i - 26.5468)^2}{2 \times 9.5016^2}} + 1106.6350$$

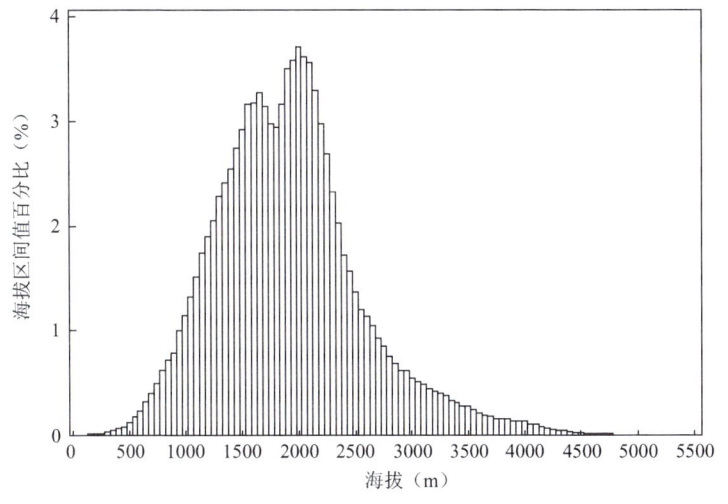

图4.56 地闪落雷点海拔值概率分布

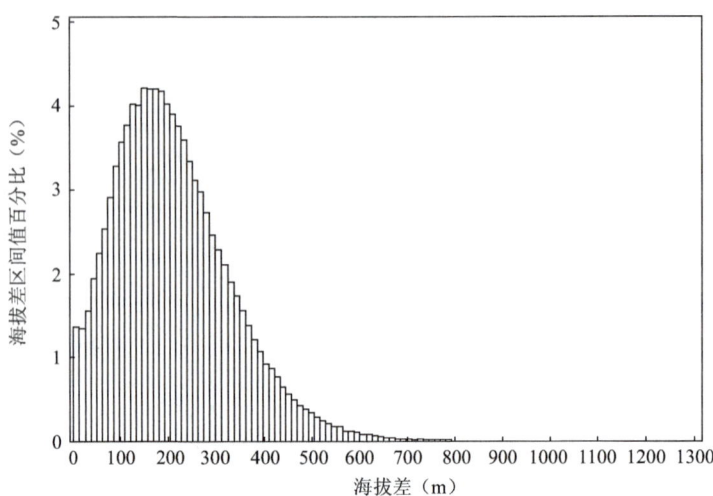

图 4.57 地闪落雷区海拔差概率分布

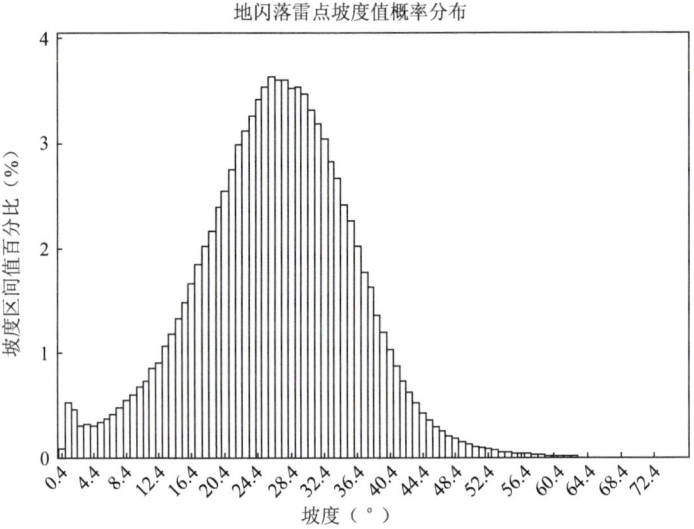

图 4.58 地闪落雷点坡度概率分布

$$\times \frac{1}{\sqrt{2\pi} \times 788.8534} \times e^{-\frac{(x_2-1973.999)^2}{2\times 788.8534^2}} + 136.6581$$

$$\times \frac{1}{\sqrt{2\pi} \times 128.0018} \times e^{-\frac{(x_3-190.1482)^2}{2\times 128.0018^2}}$$

地闪密度大于 1.7 次／（km² · a）（地闪均值）的区域：

$$y = 22.7228 \times \frac{1}{\sqrt{2\pi} \times 9.6093} \times e^{-\frac{(x_1-25.9547)^2}{2\times 9.6093^2}} + 2670.1743$$

$$\times \frac{1}{\sqrt{2\pi} \times 472.0069} \times e^{-\frac{(x_2-1885.413)^2}{2\times 472.0069^2}} + 285.3929$$

$$\times \frac{1}{\sqrt{2\pi} \times 120.5552} \times e^{-\frac{(x_3-216.3652)^2}{2\times 120.5552^2}}$$

式中，y 为孕灾环境综合指标，x_1、x_2、x_3 分别为坡度、海拔和海拔差。根据公式代入 DEM 数据计算并绘制雷电孕灾环境综合指标图层。

将 1 km×1 km 的格点数据：地闪次数、海拔、坡度、海拔差数据代入模型，因截距项 a_0 对应的 T 检验 P 值不满足小于 0.001，即不拒绝"该回归方程截距为 0"的原假设，因此拟合去掉截距项 a_0。拟合模型参数估计显示 F 检验的 P 值小于等于 0.001，判断模型有显著意义。

从图 4.59 可看出，模型拟合优度为 0.72，进一步说明模型假设显著成立。将 GIS 中提取的怒江州 DEM 数据代入模型计算得出怒江州雷电分布的拟合值，用其表征雷电灾害孕灾敏感性。

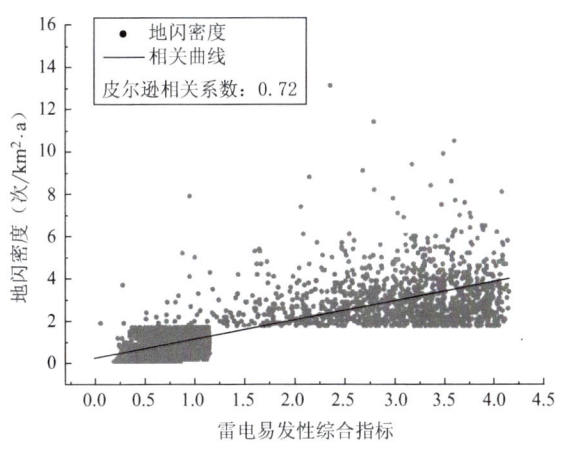

图 4.59 回归模型拟合诊断

怒江州雷电灾害极高敏感区和高敏感区主要位于怒江流域、澜沧江流域、独龙江流域、通甸河流域向河岸两边的延伸区域，高敏感区主要位于兰坪县东南部，中等敏感区和一般风险区主要位于兰坪县与福贡县的交界区域、兰坪县与泸水市的交界区域、贡山县中部和西北部区域（图 4.60）。

4.6.4 承灾体易损性评估与区划

用怒江州人口密度、地均 GDP、土地利用类型表征承灾体的易损性。前 2 个指标越大，发生雷电灾害造成损失的风险就越大。所用人口密度及地均 GDP 图层

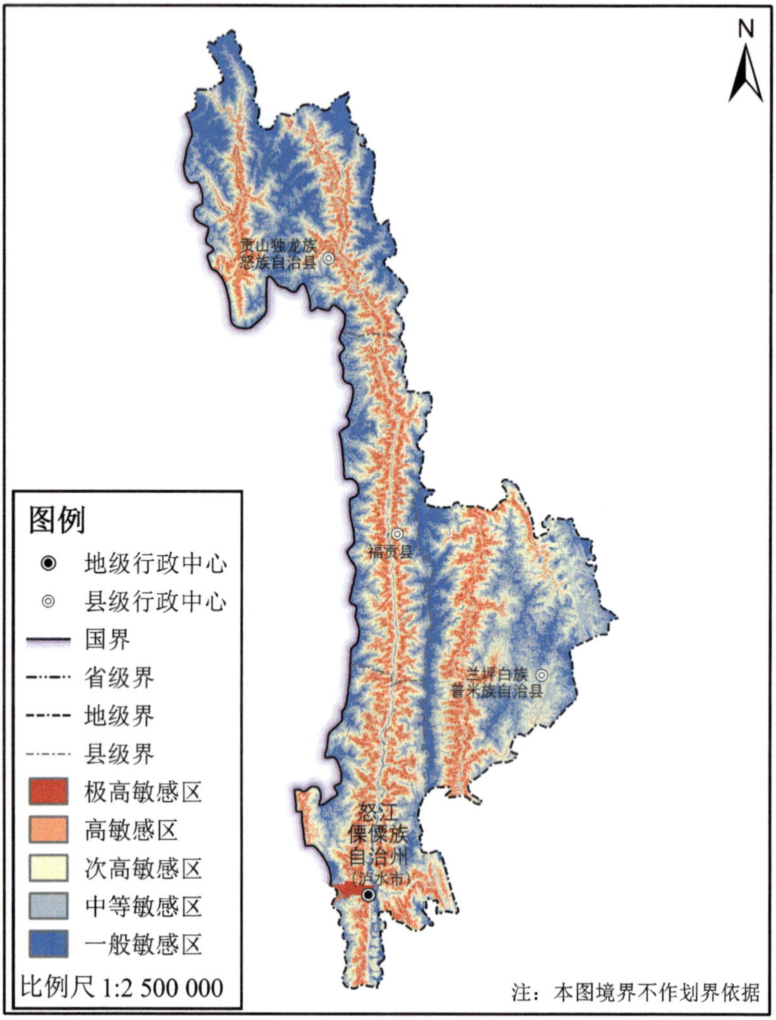

图 4.60 怒江州雷电灾害孕灾环境敏感性区划

数据为中国科学院资源环境科学数据中心提供的全国范围2020精度为1 km×1 km的社会经济数据。

土地利用类型数据来源为全国2020年的1∶100万土地利用数据中怒江州数据的提取。为了识别不同土地利用类型对雷电灾害承灾体易损性的影响，需对原始数据进行重新分类赋值，越容易遭遇雷电灾害的土地利用类型，赋值越大。表4.5为各种类型因子的赋值。将重新赋值的栅格数据导入GIS，再按乡镇边界对数据进行提取，用各乡镇土地利用类型的栅格数据累加之和作为土地利用类型影响因子，归一化后与其他2个指标共同表征大风灾害承灾体易损性。用层次分析法计算该3个指标在表征承灾体易损性时的权重，将3个指标值进行归一化处理后加权合成承灾体易损性综合指标图层。

表4.5 雷电灾害土地利用类型赋值

土地类型	编号	说明	赋值
耕地	11	水田	5
	12	旱地	5
林地	21	有林地	1
	22	灌木林	1
	23	疏林地	1
	24	其他林地	1
草地	31	高覆盖度草地	0.5
	32	中覆盖度草地	0.5
	33	低覆盖度草地	0.5
水域	42	湖泊	0.1
	43	水库坑塘	0.1
	44	永久性冰川雪地	0.1
	46	滩地	0.1
城乡	51	城镇用地	10
	52	农村居民点	10
	53	其他建设用地	10
其他	66	裸岩石质地	0.1

怒江州雷电灾害极高易损区和高易损区主要位于泸水市南部和东南部、兰坪县澜沧江流域和沘江流域沿线，次高易损区位于泸水市大部分区域、兰坪县中部和东部，中等易损区位于福贡县大部分区域，一般易损区主要位于贡山县大部分区域（图4.61）。

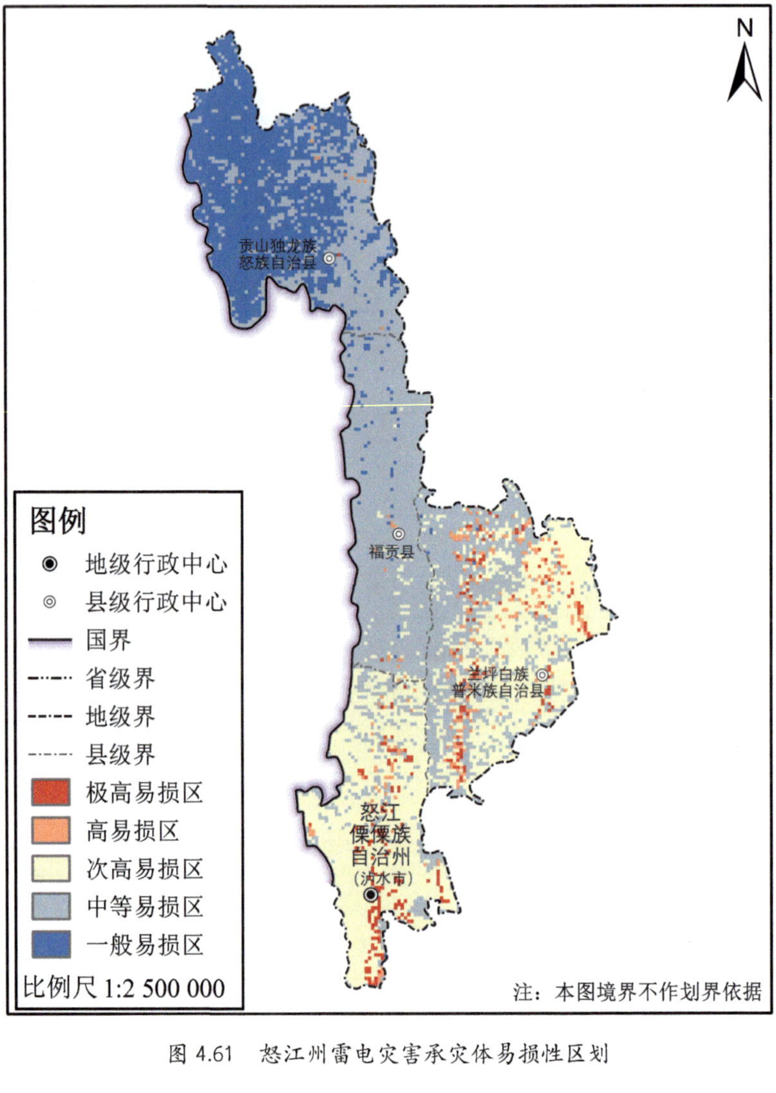

图 4.61　怒江州雷电灾害承灾体易损性区划

4.6.5　雷电灾害风险区划

应用层次分析法计算雷电致灾因子综合指标图层、孕灾环境综合指标图层和承灾体易损性综合指标图层的权重分别为0.5、0.25、0.25。用 ArcGIS 中的栅格计算器将3个图层按各自权重进行叠加，得出雷电灾害综合风险区划图。

怒江州雷电灾害极高风险区主要位于泸水市东南部、兰坪县东南部，高风险区主要位于泸水市南部、兰坪县西北部和中部，次高风险区位于泸水市中部和北部，中等风险区位于福贡县大部分区域、贡山县独龙江流域、怒江流域周边区域，一般风险区主要位于贡山县中部区域（图4.62）。

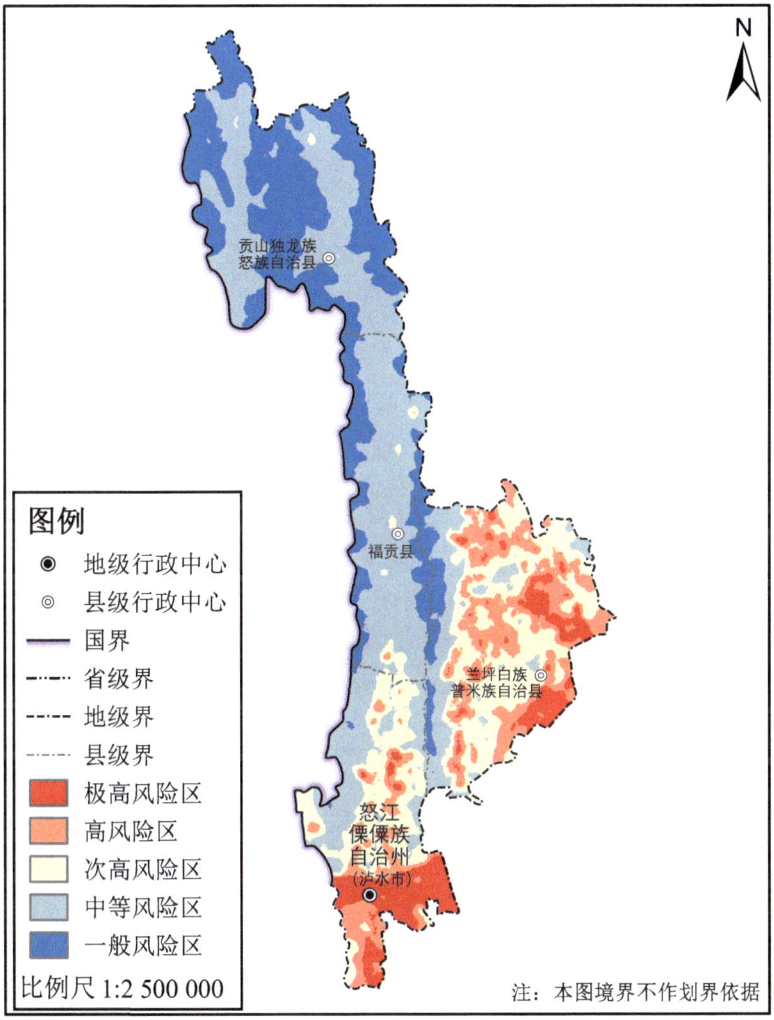

图4.62　怒江州雷电灾害风险区划

（1）泸水市雷电灾害风险区划

泸水市雷电灾害风险区域主要包含极高风险区、高风险区、次高风险区、中等风险区。极高风险区位于老窝镇、六库镇南部、上江镇东南部,高风险区域位于上江镇北部、大兴地镇北部、古登乡西南部,次高风险区位于片马镇、鲁掌镇、六库镇北部、大兴地镇中部、古登乡中部、洛本卓白族乡中部、称杆乡东南部等区域,中等风险区位于洛本卓白族乡西部、称杆乡西部、古登乡东部等区域(图4.63)。

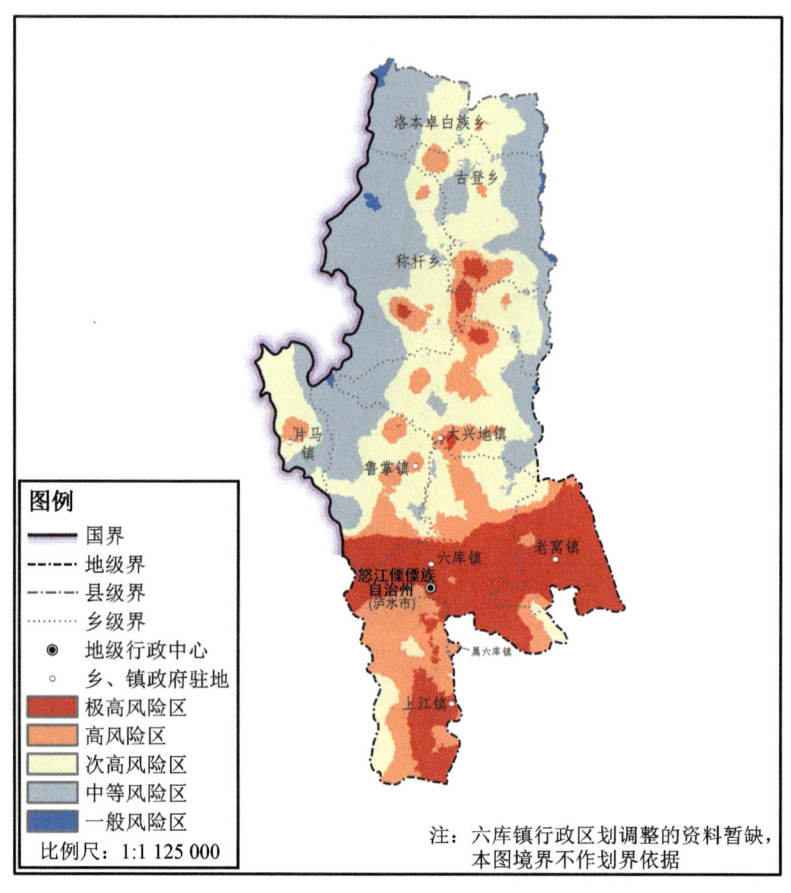

图4.63 泸水市雷电灾害风险区划

(2)福贡县雷电灾害风险区划

福贡县雷电灾害风险区域主要包含次高风险、中等风险区和一般风险区。次高风险区位于匹河怒族乡中部,中等风险区位于匹河怒族乡西部和东部、子里甲乡、架科底乡、上帕镇、鹿马登乡、石月亮乡中部及东部、马吉乡中部及东部,一般风险区位于子里甲乡东部、石月亮乡西部、马吉乡西部等区域(图4.64)。

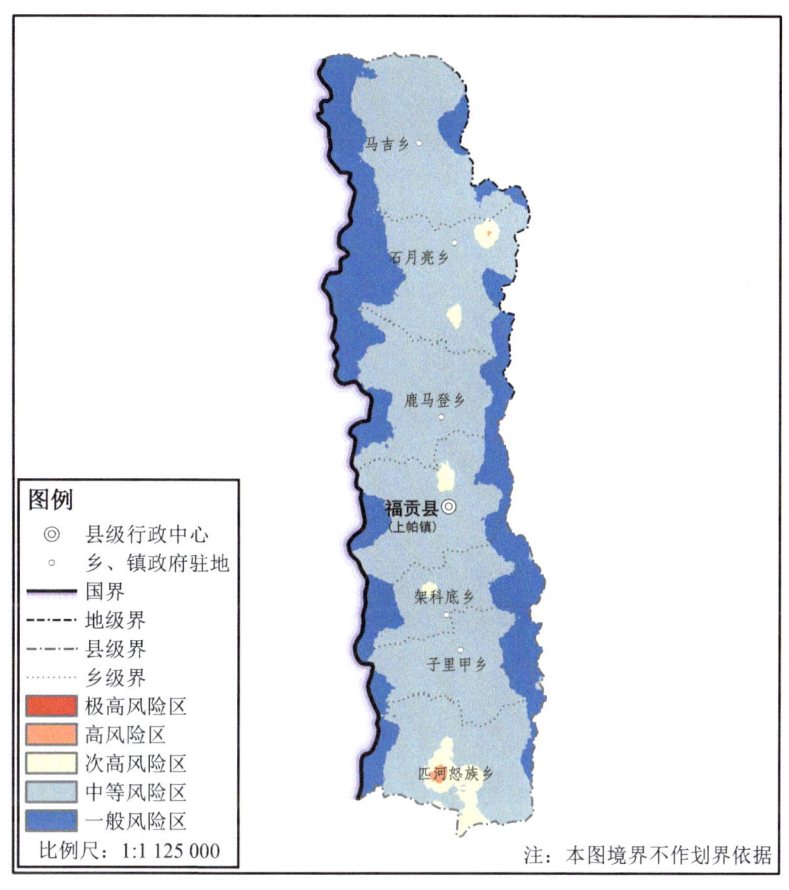

图 4.64　福贡县雷电灾害风险区划

（3）贡山县雷电灾害风险区划

贡山县雷电灾害风险区域主要包含中等风险区和一般风险区。中等风险区位于普拉底乡、茨开镇中部、捧当乡西部、丙中洛镇中部、独龙江乡中部，一般风险区位于茨开镇西部、捧当乡东部、丙中洛镇西部和东北部、独龙江乡北部和西北部（图4.65）。

（4）兰坪县雷电灾害风险区划

兰坪县雷电灾害风险区域主要包含极高风险区、高风险区、次高风险区、中等风险区。极高风险区位于金顶镇东南部、通甸镇南部、河西乡南部，高风险区域位于通甸镇北部、河西乡北部、中排乡中部和东部、石登乡东部、营盘镇东部、兔峨乡中部，次高风险区位于啦井镇、河西乡东北部、兔峨乡东部，中等风险区位于中排乡西部、石登乡西部、营盘镇西部、兔峨乡西部等区域（图4.66）。

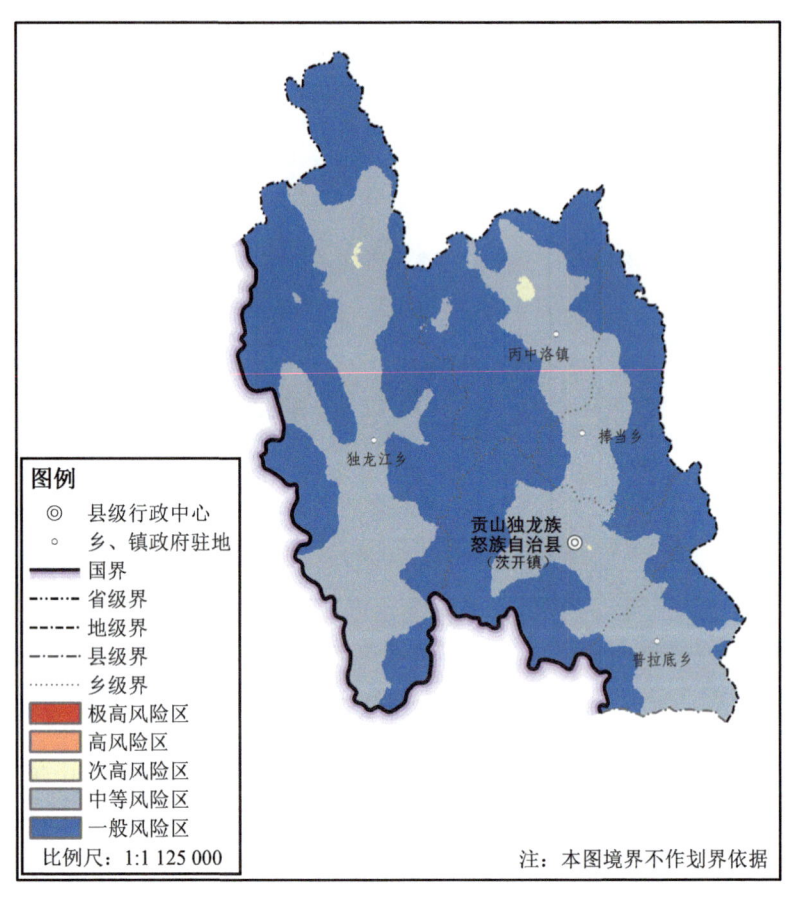

图 4.65 贡山县雷电灾害风险区划

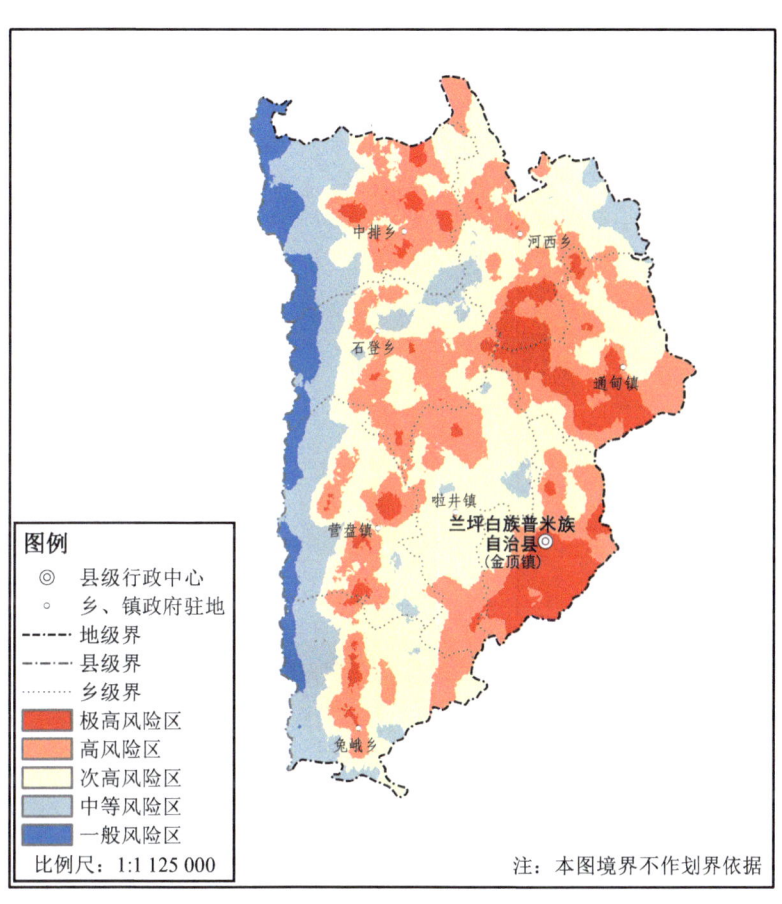

图 4.66 兰坪县雷电灾害风险区划

4.6.6 区划结果检验

用各区域历年雷电灾害次数分布与区划结果进行对比验证。提取雷电灾害风险区划图层栅格数据，计算各县（市）风险平均值，把各乡镇的雷电灾害次数与雷电灾害风险区划值作散点相关分析，相关系数 R 为 0.88，通过 0.01 的显著性检验，说明雷电灾害风险区划结果与历史雷电灾害次数通过了极显著相关性检验，该雷电灾害风险区划模型的建立是科学合理的（图 4.67）。

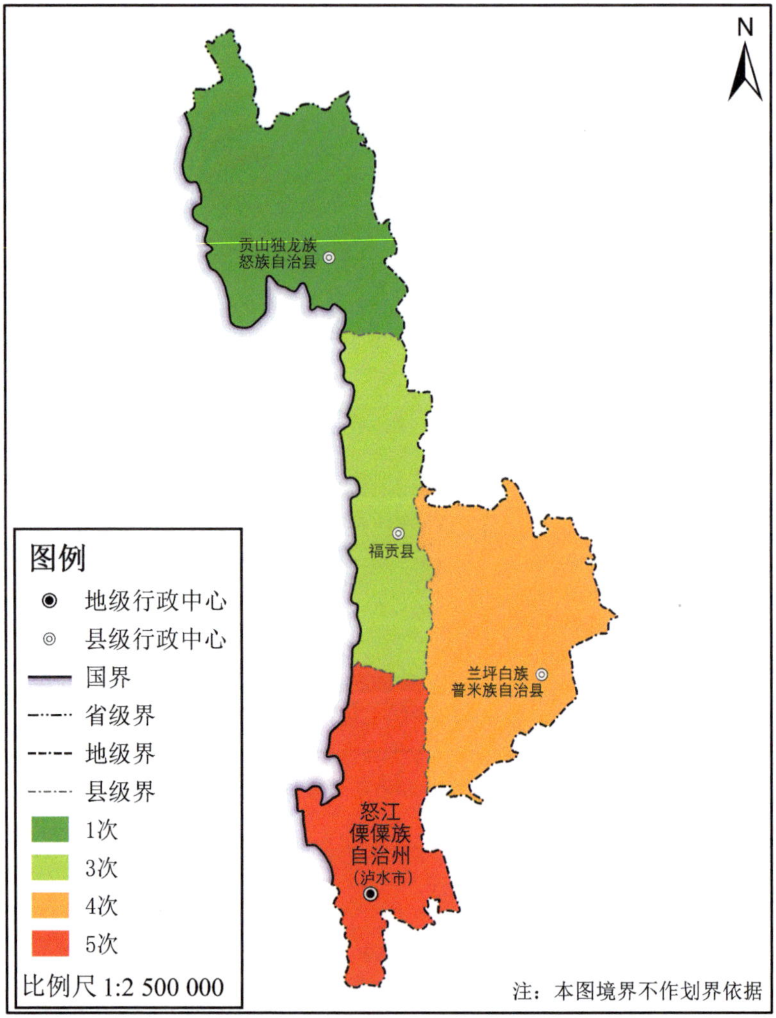

(a) 雷电灾害次数分布图

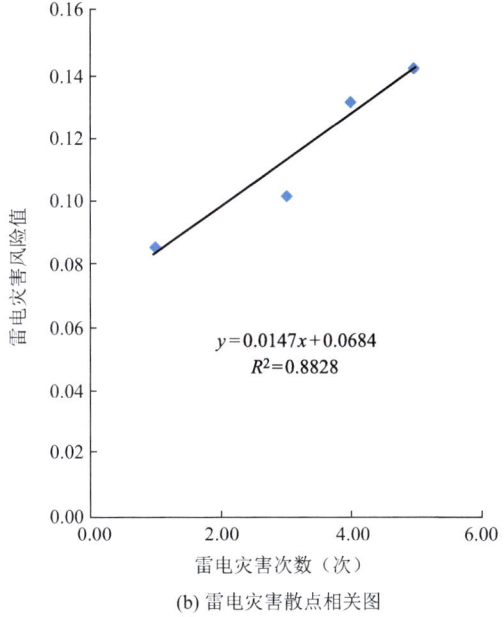

(b) 雷电灾害散点相关图

图 4.67 怒江州雷电灾害风险区划结果验证

主要参考资料

陈有利，钱燕珍，胡波，等，2017．宁波市主要气象灾害风险评估与区划[M]．北京：气象出版社．

陈宗瑜，2001．云南气候总论[M]．北京：气象出版社．

程建刚，王学峰，范立张，等，2009．近50年来云南气候带的变化特征[J]．地理科学进展，28(1)：18-24

程建刚，晏红明，严华生，等，2009．云南重大气候灾害特征和成因分析[M]．北京：气象出版社．

达月珍，孙绩华，黄中艳，等，2015．云南气象防灾减灾手册[M]．昆明：云南人民出版社．

刘建华，程建刚，秦剑，等，2006．中国气象灾害大典·云南卷[M]．北京：气象出版社．

马敏象，倪诚蔚，王小李，等，2017．科技应对气候变化与云南实践[M]．昆明：云南人民出版社．

缪霄龙，缪启龙，宋健，等，2012．杭州地区雷雨大风灾害风险区划[J]．气象与减灾研究，35(3)：45-50.

怒江州人民政府，2017．怒江州气象灾害防御规划（2017-2020）[Z]．

怒江州人民政府，2017．怒江州人民政府关于全面推进气象现代化加强气象防灾减灾体系建设的实施意见[Z]．

怒江州人民政府，2020．怒江州2019年国民经济和社会发展统计公报[Z]．

秦剑，琚建华，解明恩，等，1997．低纬高原天气气候[M]．北京：气象出版社．

史培军，1996．再论灾害研究的理论与实践[J]．自然灾害学报，5(4)：6-17．

孙绍骋，2001．灾害评估研究内容与方法探讨[J]．地理科学进展，20(2)：122-130．

唐川，朱静，2005．基于GIS的山洪灾害风险区划[J]．地理学报，60(1)：87-94．

王博，崔春光，彭涛，等，2007．暴雨灾害风险评估与区划的研究现状与进展[J]．暴雨灾害（3）：281-286．

王国华，苗长明，缪启龙，等，2013．杭州市气象灾害风险区划[M]．北京：气象出版社．

王惠，邓勇，尹丽云，等，2007．云南省雷电灾害易损性分析及区划[J]．气象，33（12）：83-87．

王颖，王晓云，江志红，等，2013．中国低温雨雪冰冻灾害危险性评估与区划[J]．气象，39(5)：585-591．

王宇，1990．云南省农业气候资源及区划[M]．北京：气象出版社．

王宇，2006．云南山地气候[M]．昆明：云南科技出版社．

吴永斌，陈丹妮，张明达，等，2016．云南地区水稻低温冷害指标研究[J]．气象与环境学报，32(2)：95-99．

吴永斌，胡颖，殷娴，等，2019a．会泽县主要气象灾害风险区划[M]．北京：气象出版社．

吴永斌，庄嘉，刘平英，等，2019b．关于建立农村气象灾害防御知识培训体系的思考[M]//中国气象局发展研究中心．气象软科学2018．北京：气象出版社：158-163．

吴永斌，赵晓兰，胡颖，等，2020．云南西双版纳地区闪电活动特征分析[J]．大气科学学报，43（4）：728-734．

谢应齐，杨子生，1995．云南省农业自然灾害区划指标之探讨[J]．自然灾害学报(3)：52-59．

云南省地方志编纂委员会，1998．云南省志·地理志[M]．昆明：云南人民出版社．

《云南未来10～30年气候变化预估及其影响评估报告》编写委员会，2014．云南未来10～30年气候变化预估及其影响评估报告[M]．北京：气象出版社．

云南省气象局，2017．云南省气候图集[M]．北京：气象出版社．

云南省灾害防御协会，1999．云南省四十年主要灾害调查（1950—1990）[M]．昆明：云南科技出版社．

章国材，2010．气象灾害风险评估与区划方法[M]．北京：气象出版社．

张继权，李宁，2007．主要气象灾害风险评价与管理的数量化方法及其应用[M]．北京：北京师范大学出版社．

张青，2018．GIS技术在气象灾害风险区划中的应用[J]．南方农业，12(06)：126-127．